Leonore Geißelbrecht-Taferner

DIE GARTEN-DETEKTIVE

Mit vielfältigen Experimenten, Spielen, Bastelaktionen, Geschichten und Rezepten den blühenden Frühlingsboten auf der Spur

Illustrationen von Kasia Sander

Ökotopia Verlag, Münster

IMPRESSUM

Autorin Leonore Geißelbrecht-Taferner
Illustrationen Kasia Sander
Satz Druckvorstufe Hennes Wegmann, Münster
Notensatz Ja.Ro-Music, Taunusstein
ISBN 978-3-936286-58-8

4 5 6 7 8 9 10 · 15 14 13 12 11 10 09 08

Für

Marlene-Flora, Camilla und Viola

INHALTSVERZEICHNIS

VORWORT

Die Freude auf der Welt ist das Anfangen.
Leben ist Anfangen, immer, in jedem Augenblick.
(nach Cesare Pavese)

Die Frühlingszeit ist jene wunderbare Zeit, in der selbst Menschen, die sonst wenig mit Natur zu tun haben (wollen), damit meine ich z. B. solche, die den ganzen Tag lieber am Computer sitzen oder blind mit Kopfhörer durch die Gegend joggen, „feinfühlend" werden.
Jedes aufkommende Blättchen oder Blütchen, jede Vogelstimme, jeder Erdduft findet in dieser Zeit Beachtung und ist Grund zur Freude. Später, im April oder Mai, wird oft gar nicht mehr registriert, ob jetzt diese jene Blume blüht oder nicht – außer, es handelt sich um etwas Essbares!

Diese jedes Jahr im Frühling aufkommende Entdecker- und Lebens-Freude und das Interesse an der erwachenden Natur sollen durch dieses Buch bei den Kindern verstärkt, vertieft und mit allen Sinnen erfahrbar gemacht werden – damit sie sich auch über den Frühling hinaus die Lust am Erspüren und Erleben der Natur erhalten. Oft geht es dabei um die kleinen Wunder der Natur, die erst mit „detektivischem Blick" sichtbar werden.
Ich wünsche daher allen großen und kleinen DetektivInnen eine spannende Spurensuche hinein in den Frühling!

Leonore Geißelbrecht-Taferner

EINLEITUNG

Mit den ersten warmen Sonnenstrahlen im neuen Jahr sind Kinder meist nicht mehr zu bremsen – sie wollen raus! Es ist die beste Zeit ihren detektivischen Spürsinn anzuregen, nach draußen zu gehen und sich auf Spurensuche nach dem Frühling zu begeben.
Zuerst geschieht dies noch im und mit dem Schnee, der zu dieser Zeit gar nicht mehr so geliebt wird. Später entdecken die Kinder die ersten Frühlingsboten im eigenen Garten, im Wald, auf der Wiese oder an einem Bach und mit jedem Tag werden es mehr.

- Zu jeder Pflanze lernen sie mehr oder weniger auffällige Besonderheiten kennen, die in diesem Buch in Form von **Notizzetteln** angeführt werden. Diese charakteristischen Eigenschaften sind spezielle Fähigkeiten und Taktiken der Pflanze, z. B. ihre raffinierte Art der Verbreitung, ihre Stärke, ihre Anpassungsfähigkeit, ihre Zusammenarbeit mit Insekten oder ihre Verwendbarkeit.
- In **Aktionen** werden diese Besonderheiten mit allen Sinnen erfasst, mit kleinen Experimenten selbst entdeckt und auch im übertragenen Sinn spielerisch vertieft.
- **Geschichten, Lieder, Gedichte, Koch- und Bastelanregungen** erweitern das Ganze.
- Am Ende jedes Frühlingsboten-Kapitels stehen **Tipps und Tricks für den eigenen Garten**, bei denen die Kinder Informationen für den „Eigen-Anbau" bekommen. So lernen sie die Frühlingsboten noch intensiver kennen, denn sie haben dadurch leicht Gelegenheit zu beobachten, was das ganze Jahr über – nicht nur im Frühling – mit diesen Pflanzen passiert und wie sie sich verändern.

... Und im nächsten Frühling erinnern sich die Kinder wieder, begeben sich bestimmt erneut auf Spurensuche und entdecken dabei vielleicht einiges wieder oder weiteres neu ...

Methodische Hinweise

Die Abfolge des Buches geht einher mit einer **Frühlingsspurensuche**, d. h. sie beginnt mit dem Abzug des Winters und schließt mit dem Einzug des Sommers. Beginnend mit dem letzten Schnee und den ersten Schneeglöckchen werden im Laufe des Frühlings bzw. im Laufe des Buches immer mehr Frühlingsboten entdeckt und „zum Leben erweckt", bis schließlich im Schlusskapitel alle Boten des Frühlings vereint sind.

Zu Beginn jedes Kapitels steht ein **Steckbrief**. Er dient zum genauen Kennenlernen der Pflanze und enthält alle notwenigen Angaben, damit die Kinder sie auch wirklich erkennen können. Dann beginnt die Spurensuche: In jedem Kapitel werden die Besonderheiten des Frühlingsboten in den **Notizzetteln** erklärt. Hier finden sich die typischen Pflanzeneigenschaften und -fähigkeiten, die mit den Kindern auch besprochen werden sollen.

Daraus resultieren diverse **Aktionen**, bei denen die Kinder ihr neues Wissen auf verschiedenste Weise „in die Tat" umsetzen können, sei es im Spiel, mit Experimenten, Beobachtungen oder in der „Pflanzenküche"...

Die Auswahl und Reihenfolge der Aktionen bleibt dabei frei. Es lassen sich auch gut einzelne Aktionen Kapitel übergreifend zu einem Thema zusammenfügen, z. B.

Blütenküche
Veilchen + Schlüsselblume + Bärlauch + Gänseblümchen

Frühlingserwachen im Laubwald
Leberblümchen + Buschwindröschen + Lungenkraut

Ameisenverbreitung
Bärlauch + Veilchen + Leberblümchen

„Unkraut" im Frühling
Gänseblümchen + Löwenzahn + Scharbockskraut ...

Den Abschluss jedes Kapitels und das Ende der Spurensuche bilden die **Tipps und Tricks** für den Anbau der Pflanzen im eigenen Garten. Dass sich nicht jede Pflanze und jeder Boden dazu gleich gut eignet und dass auch der Naturschutzaspekt nicht außer Acht gelassen werden soll, kommt hier ebenso in Betracht.

DER LETZTE SCHNEE –
DIE ERSTE SPURENSUCHE

Noch liegt vielerorts alles unter einer dicken Schneedecke, aber die ersten Anzeichen des kommenden Frühlings sind auch in dieser Zeit nicht zu übersehen und zu überhören: Die Tage werden länger, die Vögel singen wieder, die Knospen der Bäume verändern sich, die Zimmerpflanzen bekommen junge, hellgrüne Triebe und unter der Schneedecke sprießt bereits frisches Leben.

Der Schnee ist oft nass und matschig, manchmal aber noch fest und gut formbar.
Spiele, die etwas Farbe in Schnee und Eis zaubern oder den grauen Winter ein bisschen „weghexen", können über diese oft ungeliebte „Matschzeit" hinweghelfen.
Dazu kommt – die Vorfreude auf das Neue, das wir wieder genießen und bewundern können, ist oft die schönste Freude!

Spiel

SCHNEE FÄRBEN

Bevor die Kinder selbst auf Spurensuche nach dem Frühling gehen, hinterlassen sie draußen ihre eigenen, farbigen Spuren!

Alter: ab 4 Jahren
Material: leere Sprühflaschen (Blumensprühpumpe oder Parfüm-Zerstäuber), Wasser, Lebensmittelfarben

Die Kinder füllen ihre Sprühflaschen mit Wasser und geben etwas Lebensmittelfarbe hinein. So ausgestattet gehen sie nach draußen, suchen sich eine möglichst große, freie Schneefläche und sprühen riesige Bilder, Namen oder Muster in den Schnee.
Auch Schneeskulpturen lassen sich schön bunt färben und so ein bisschen auf den Frühling einstimmen, z. B.:

- eine große gelbe Frühlingssonne
- eine weiße Schneehenne oder ein Schneehase mit bunten Ostereiern
- Schneespeisen für die Schneekönigin: grüne Spinatschneeknödel, Rote-Bete-Matsch-Suppe, gelbe, geeiste Hühnerbeinchen, Blaubeerkuchen mit Schneehaube …
- ein Eisbär mit den verschiedensten Sorten Kugeleis in seiner Eistüte …

Wollen die Kinder sich etwas austoben, formen sie eine Menge bunt gefärbter Schneebälle (Schnee-Ostereier), die sie möglichst weit weg werfen (verstecken) und anschließend von den anderen suchen lassen.
Werden alle Ostereier entdeckt?

WARUM IST DER SCHNEE WEISS?

Eine glatte Wasseroberfläche ist wie ein Spiegel. Wir können die dahinter liegenden Berge, Häuser – aber auch uns selbst darin sehen.
Auch Schneekristalle sind winzige Spiegel, die aber alle in eine andere Richtung zeigen, weil der Schnee nicht glatt ist. Fällt Licht darauf, wird es in alle Richtungen gespiegelt. Was wir als weißen Schnee sehen, ist in Wirklichkeit ein vieltausendfaches Spiegelbild der Sonne oder der ebenfalls weißen Wolken. Wäre die Sonne grün, dann wäre auch der Schnee grün!

Experiment

DARUM IST DER SCHNEE WEISS!

Alter: ab 4 Jahren
Material: Alufolie, Schreibtischlampe

Die Kinder nehmen eine glatte Aluminiumfolie (als Spiegel) und legen sie unter eine Schreibtischlampe. An einer ganz bestimmten Stelle schimmert die Folie besonders hell (fast weiß). Das ist das Spiegelbild der Lampe.
Zerknüllen die Kinder jetzt die Folie, falten sie wieder vorsichtig auseinander und legen sie erneut unter die Lampe, so scheint die Folie breitflächig ziemlich gleichmäßig hell – sie ist jetzt genauso uneben wie der Schnee.

Warum der Schnee weiß ist und warum er dem Schneeglöckchen nicht schadet

Alle Dinge auf der Welt hatten schon ihre Farbe. Die Erde war braun, das Gras grün, die Rose rot, der Himmel blau und die Sonne gelb. Nur für den Schnee war keine Farbe übrig geblieben. Da beschloss der Schnee die anderen zu bitten, ihm etwas ihrer Farbe abzugeben.
Zuerst ging er zur Erde. „Gib mir ein wenig von deiner braunen Farbe!", bat er. Die Erde aber schlief und antwortete nicht.
Da ging der Schnee zum Gras. „Gras, gib mir ein wenig von deiner grünen Farbe!" Das Gras jedoch war geizig und tat, als hörte es nicht.
Da begab sich der Schnee zur Rose und sprach: „Gib du mir ein bisschen rote Farbe!" Doch die Rose wandte sich stolz zur Seite.
„Hast du ein wenig blaue Farbe übrig?", rief nun der Schnee dem Himmel zu. Der Himmel aber war weit weg und hörte ihn nicht.
Auch die Sonne bat der Schnee vergeblich, ihm von ihrer gelben Farbe etwas abzugeben, denn sie ging gerade unter und hatte keine Zeit mehr zu antworten.
So musste der arme Schnee unverrichteter Dinge weiterziehen. Schließlich blieb er vor einem kleinen, weißen Blümchen am Waldrand stehen.
„Könntest du vielleicht ein wenig deiner schönen Farbe entbehren?", fragte er.
Das Blümchen antwortete: „Warum nicht? Nimm dir nur, so viel du brauchst!"
So bekam der Schnee seine weiße Farbe und bis zum heutigen Tag ist er weiß geblieben.
Die bescheidene Blume vom Waldrand aber heißt seither Schneeglöckchen.
Und als Dank fügt der kalte Schnee ihren Blüten keinen Schaden zu.

TAUWETTER

Wird die Sonne stärker, so beginnt das Tauwetter und es tropft von Dächern und Bäumen. Wenn sich durch die Tropfen an einer Stelle der Wiese ein kleines Loch im Schnee gebildet hat und der Boden herausschaut, dann taut es rund herum ebenfalls schneller. Warum?
Überall, wo der Boden rau oder dunkel ist, wird besonders viel Sonnenlicht aufgefangen und er wird warm.
Auch die Pflanzen erzeugen durch ihr Wachsen Wärme. Deshalb schmilzt der Schnee neben Bäumen besonders schnell.

TAUEN MIT SALZ

Manchen Menschen geht das Schneeschmelzen durch die Sonne noch zu langsam. Dann streuen sie Salz.
Der Schnee taut zwar schnell auf, aber das Salz bringt Probleme: Dringt es in die Erde, ist es schädlich für die Pflanzen, aber auch Schuhe und Hunde leiden darunter.
Jeder wird sich fragen, ob der Schnee durch das Salz wärmer wird und deshalb auftaut. Aber eigenartigerweise ist das Gegenteil der Fall: Der Schnee wird durch Salzstreuen sogar kälter. Und trotzdem schmilzt der Schnee: Dafür sorgen die winzig kleinen Salzteilchen.

Experiment

EISWÜRFEL-OLYMPIADE

Die Kinder erfahren in dieser Aktion, warum Schnee & Eis an manchen Stellen schneller schmelzen als an anderen.

Alter: ab 3 Jahren
Material: Tonpapier und Filz in verschiedenen (hellen und dunklen) Farben, Wellpappe (und andere Unterlagen), Eiswürfel

Die Kinder bereiten verschiedene Unterlagen vor – weißes und schwarzes Papier, hellen und dunklen Filz, Wellpappe, Kunststoffteller u. Ä. – und stellen sie in die Sonne.
Auf jede Unterlage kommt nun ein Eiswürfel.
Welcher Eiswürfel schmilzt am schnellsten, welcher überlebt am längsten?

Experiment – Fühlen

SALZMATSCH

Wenn es draußen wärmer wird, taut der Schnee und wird zu Wasser. Auch wenn die Menschen Salz streuen, schmilzt der Schnee – wird das Wasser dadurch auch wärmer?

Alter: ab 5 Jahren
Material: Gefäß, Salz (am besten Streusalz), etwas Schnee

Die Kinder füllen ein Gefäß mit Schnee. Sie geben etwa ein Drittel des Schneegewichts an Salz dazu und rühren alles gut um. – Zusehends schmilzt der Schnee.
Halten die Kinder ihre Finger in die Mischung, tut das richtig weh vor Kälte! Sie haben eine Kältemischung erzeugt, die minus 15 °C erreicht – fast so kalt wie in der Tiefkühltruhe!
Deshalb Achtung: Finger nicht zu lange drinnen lassen!

Übrigens: Schon zu Napoleons Zeiten wurde dieses Wissen genutzt, um auf seinen Festen im Sommer eiskalte Torten anzubieten – und das ohne Eisschrank!
Mithilfe von zerstoßenen Eiswürfeln und Salz können die Kinder sogar Speiseeis machen, indem sie z. B. (verschlossene!) „Fruchtzwerge" o. Ä. eine Zeit lang in die Mischung legen.

TANZSPIEL

AUFTAUEN

Wie befreiend es ist, sich aus einer langen Starre zu lösen, sich endlich bewegen zu können, erfahren die Kinder mit diesem Spiel.

Alter: ab 3 Jahren
Material: rhythmische Musik

Es ist eiskalt und alle Kinder stehen starr (stock und steif gefroren) irgendwo verteilt im Raum. Nach einiger Zeit setzt die rhythmische Musik ein und die Spielleitung ruft den Kindern nacheinander einzelne Körperteile zu, die auftauen dürfen, z. B.: kleiner Finger, großer Zeh, Hand, Arme, Kopf, Beine, Schulter, Oberkörper …
Die Kinder bewegen die genannten Körperteile zum Rhythmus der Musik – am Ende schütteln sie den ganzen Körper aus – sie sind komplett aufgetaut!

Variante
Schwieriger ist es, und daher besser für ältere Kinder geeignet, wenn sich alle genannten Körperteile zusammen zur Musik bewegen müssen: Beim gleichzeitigen Auftauen von rechtem kleinen Finger, linkem großen Zeh und rechter Schulter ist das gar nicht so einfach – aber auch sehr lustig!

BEWEGUNG – SPIEL

MÜTTERCHEN TAU SPIELEN

Die Kinder bereiten den Garten für die „Frühlingselfen" vor …

Alter: ab 4 Jahren
Material: Besen, wasserdichte Schneestiefel, evtl. Sprühflaschen mit warmem Wasser

Die Kinder rücken als „GehilfInnen von Mütterchen Tau" mit Besen aus, um den letzten Schneeresten den Garaus zu machen.

- Sie kehren vorsichtig (!) den letzten Schnee vom Rasen, entdecken so Leben unter dem Schnee, suchen und fühlen die ersten Spitzen der Frühlingsboten …
- Sie schütteln von Bäumen bzw. Sträuchern den letzten Schnee und fühlen deren Knospen … (Weiden, Haseln oder Forsythien sind besonders augenfällig!)
- Sie füllen eine Blumensprühflasche mit sehr warmem Wasser und sprühen in restliche Schneeflächen Muster (Löcher) …

Aber: In einem schattigen Garteneck, wo sich noch besonders viel Schnee gehalten hat, lassen sie dem Schneekönig gnadenhalber noch eine letzte Festung und bauen ihm eine Schneeburg aus dem letzten Schnee!

SCHNEEGLÖCKCHEN – DER ERSTE BOTE

Ein Waldboden voller Schneeglöckchen ist ein Paradies für alle – Erwachsene wie Kinder! Besonders wenn der Winter lang und kalt war, sind Schneeglöckchen die lang ersehnten ersten Blümchen, die durch ihren süßen Honigduft und ihre hübsche Glöckchenform jedes Herz erfreuen. Es gibt wohl keine Pflanze, die mit größerer Begeisterung und Ausdauer gepflückt wird, sind die Stängel auch noch so kurz! Zuhause ergibt sich dann das Problem: Welche Vase ist klein genug? So manches Mal muss dann ein Schnapsglas her!

Damit die Schneeglöckchen wirklich die Ersten sein können, haben sie einige Tricks auf Lager, mit denen sie zu jenen starken Pflanzen werden, denen Kälte und Schnee nichts ausmachen.

Steckbrief

Blüte: milchfarbene Blütenglocke, die aus 3 großen äußeren und 2 kleineren grün gefleckten Blütenblättern besteht

Frucht: Kapselfrucht mit Samen, die von Ameisen verbreitet werden

Blatt: blaugrüne, schmal längliche Laubblätter

Was ist noch besonders?

- zarter Honigduft
- kann ganz unterschiedlich aussehen: im Moos: kurz und dickstängelig im Gras: lang und dünnstängelig

Wo zu finden?

- als verwilderte Zierpflanze in Auwäldern und feuchten Laubwäldern
- als Zierpflanze in Gärten, Parks, ...

Wann zu finden?
Februar bis April

Wurzel: Zwiebel

EINGEBAUTER BOHRER

Versuchten wir im Winter oder Vorfrühling in den Boden ein Loch zu graben – es wäre nicht einfach: Noch ist er gefroren und hart wie Eis. Trotzdem schaffen es jedes Jahr tausende Schneeglöckchen sich durch diese harte Schicht zu bohren. Wie machen sie das bloß?
Die zarten und empfindlichen Knospen sind in ein hartes, spitzes Blatt eingehüllt. Mit diesem können sie sich langsam aber sicher durch den harten Boden bohren. Erst wenn sie endlich herausgekommen sind, öffnet sich das Blatt wie ein 3-fach verpacktes Geschenk und lässt die weißen Glöckchen und Blätter heraus.
Ein warmer Frühjahrsregen taut die obere Bodenschicht schneller auf und macht sie weich. Daher „schießen" Schneeglöckchen nach solch einem Regen nur so aus dem Boden.

FÜHLEN – BEWEGUNG

BOHRKÖNIG

Wie hart gefroren die Erde im Frühjahr ist, können die Kinder bei diesem Versuch erfahren. So wird ihnen deutlich, wie stark die zarten Schneeglöckchen sind.

Alter: ab 3 Jahren
Material: feste Stöcke oder Stäbe

An einem kalten Tag gehen die Kinder nach draußen und untersuchen den Boden. Aufgabe ist es, einen Stock möglichst tief in die Erde zu bohren. Sie gehen auf die Suche nach geeigneten Stöckchen oder Stäben und versuchen diese an verschiedenen Stellen im Garten in die Erde zu bohren. Wem es gelingt, innerhalb einer vorgegebenen Zeit am tiefsten zu bohren, ist BohrkönigIn des Tages.

FÜHLEN – SEHEN

DAS IST SPITZE!

Vorfreude erleben können die Kinder mit diesem Aktionsspiel.

Alter: ab 4 Jahren

Die Kinder erleben sich auf die Suche nach Schneeglöckchen, auch wenn diese noch mit Schnee bedeckt sind. Vielleicht kennen sie selbst oder ihre Begleitung die Stellen noch vom Vorjahr.
Es macht Spaß, Schneeglöckchen vom Schnee zu befreien und ihre harten Spitzen zu befühlen.
Hinweis: Nachher wieder gut zudecken, das ist wichtig!

Spiel – Schmecken

PÄCKCHEN IM PÄCKCHEN

Statt dem Honigduft, den die „3-fach-blatt-verpackte" Schneeglöckchenblüte nach ihrer Öffnung beschert, genießen die Kinder hier nach ebenso langwierigem „Auspacken" etwas Schokoladiges.

Alter: ab 4 Jahren
Material: eine 3-fach (gut mit Papier, Schnüren und Klebestreifen) verpackte, süße Überraschung (Tafel Schokolade, Schoko-Osterhäschen oder -Lämmchen), Schal, Mütze, Handschuhe, Messer und Gabel, Würfel

In einer mehr oder weniger großen Runde wird reihum gewürfelt.
Wer eine 6 würfelt, zieht schnell Mütze, Schal und Handschuhe an, schnappt sich Messer und Gabel und beginnt das Päckchen im Päckchen im Päckchen auszupacken ... Würfelt ein anderes Kind die nächste 6, heißt es sofort Messer und Gabel hinlegen, schnell Mütze, Schal und Handschuhe ausziehen und an das Kind weitergeben, denn jetzt ist dieses an der Reihe ... bis zur nächsten 6!
Gespielt wird so lange, bis die süße Überraschung restlos aufgegessen ist!
Wichtig: Die Kinder müssen immer komplett angezogen sein und dürfen nur mit Messer und Gabel (nicht mit den Händen) arbeiten!

Bewegungsspiel

AUS MEINEM PÄCKCHEN KOMMEN LAUTER ...

Bevor neues Leben geboren wird, ist es meist gut verpackt. Die Kinder dürfen in diesem Spiel immer wieder neu in den Frühling „geboren" werden. Leider gibt es dazwischen kalte Wintereinbrüche, bei denen sie sich schnell wieder gut „verpacken" müssen.

Alter: ab 3 Jahren

Die Kinder liegen als „Päckchen" zusammengekauert am Boden und warten auf die verschiedenen Signale der Spielleitung sich zu „entpacken".

„Aus meinem Päckchen kommen lauter ..."
Schneeglöckchen: *Kinder strecken sich spitz in die Höhe*
Schmetterlinge: *Kinder flattern mit den Armen und laufen im Raum*
Schnecken: *Kinder ziehen eine „Schleimspur" auf einer Langbank oder am Boden*
Vogelbabys: *Kinder bewegen sich wie frisch geschlüpfte Vögel halb hüpfend, halb fliegend durch den Raum*
Osterhasen: *Kinder hoppeln wie Häschen durch den Raum ...*

Dazwischen werden die Päckchen immer mit der Aufforderung „Päckchen zu" geschlossen – der Winter hat noch einmal Einzug gehalten.

SICHERHEITSGLÖCKCHEN

Auch wenn es langsam wärmer wird, kann es für die Schneeglöckchen gefährlich werden. Wind, Schnee und Kälte machen auch den starken Schneeglöckchen zu schaffen. Aber dagegen haben sie sich gut gerüstet! Um den kostbaren Nektar zu schützen, können sie die Blütenglocke immer wieder fest verschließen und auf wärmere Tage warten. In ihren Laubblättern befindet sich außerdem ein Zucker, der verhindert, dass die Blätter einfrieren. Ohne diesen Frostschutz würden sie innerlich zerfetzt werden, weil sich das Wasser ausdehnt, wenn es friert.

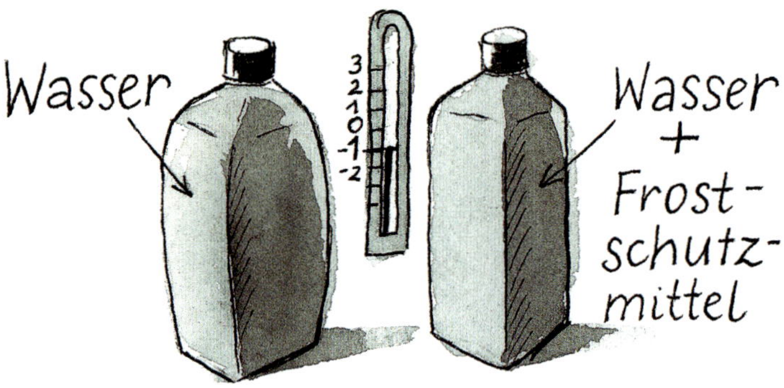

EXPERIMENT

FLASCHENBEULE

Die Wirkung eines Frostschutzmittels wird den Kindern hier deutlich vor Augen geführt.

Alter: ab 4 Jahren
Material: 2 Kunststoffflaschen, Frostschutzmittel (Tankstelle), Wasser

Eine Kunststoffflasche mit Wasser, die andere mit Wasser und Frostschutzmittel füllen und in einer frostigen Nacht ins Freie stellen.
Am nächsten Tag bemerken die Kinder, dass sich die Flasche ohne Frostschutzmittel ausgebeult hat, weil das Wasser gefroren ist, während die andere wie ursprünglich aussieht, weil der Inhalt immer noch flüssig ist.
Hinweise: Wenn die eisigen Tage schon vorbei sein sollten, geht der Versuch auch im Tiefkühler. Sollten die Temperaturen so niedrig sein, dass beide Flascheninhalte gefroren sind, kann der Unterschied beim Auftauen bemerkt werden: In der Flasche mit Frostschutzmittel schmilzt das Eis viel schneller.

SCHNEEGLÖCKCHEN, WEISSRÖCKCHEN

(trad.)

Melodie: Schneeflöckchen, Weißröckchen

Text: L. & J. Geißelbrecht

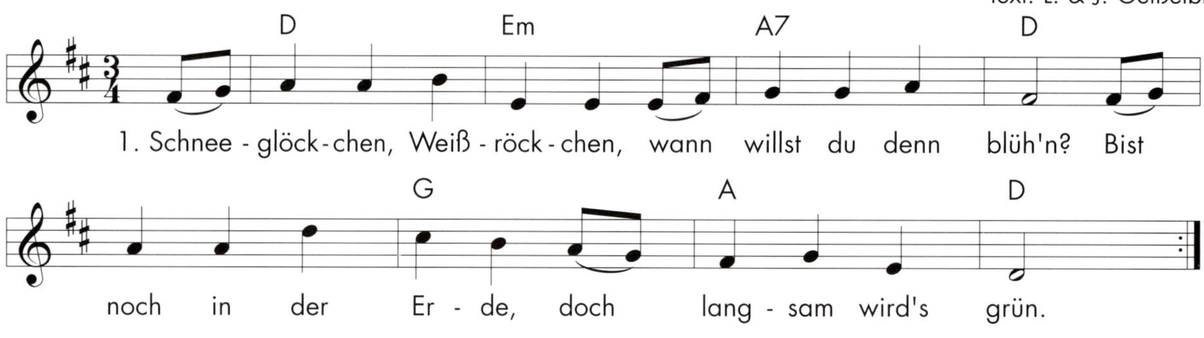

1. Schneeglöckchen, Weißröckchen,
wann willst du denn blühn?
Bist noch in der Erde,
doch langsam wird`s grün.

2. Du bohrst dich durch Erde,
durch Blätter, durch Schnee.
Es ist noch sehr kalt,
doch das tut dir nicht weh!

3. Schneeglöckchen, nun kommst du,
der Schnee schmilzt hinweg.
Da ist statt dem Schnee-
nun ein Schneeglöckchenfleck!

BASTELN

SCHNEEGLÖCKCHENWIESE BASTELN

Alter: ab 3 Jahren
Material: weißes Zeichenpapier, dunkel- und hellgrünes Tonpapier, Schere, Klebstoff, evtl. Seidenpapier und Watte

Aus dem weißen Papier Quadrate (10 x 10 cm) zuschneiden und in der Diagonale auseinander schneiden. Es entstehen jeweils 2 Dreiecke.
Diese Dreiecke zu Glöckchen falten.
Aus dem dunkelgrünen Tonpapier Stängel und Blätter schneiden.
Alle Teile zusammengefügt auf das hellgrüne Tonpapier kleben.
Über der Schneeglöckchenwiese können noch bunte Schmetterlinge aus Seidenpapier geklebt werden. Am Boden sind Schneereste aus Watte hübsch.

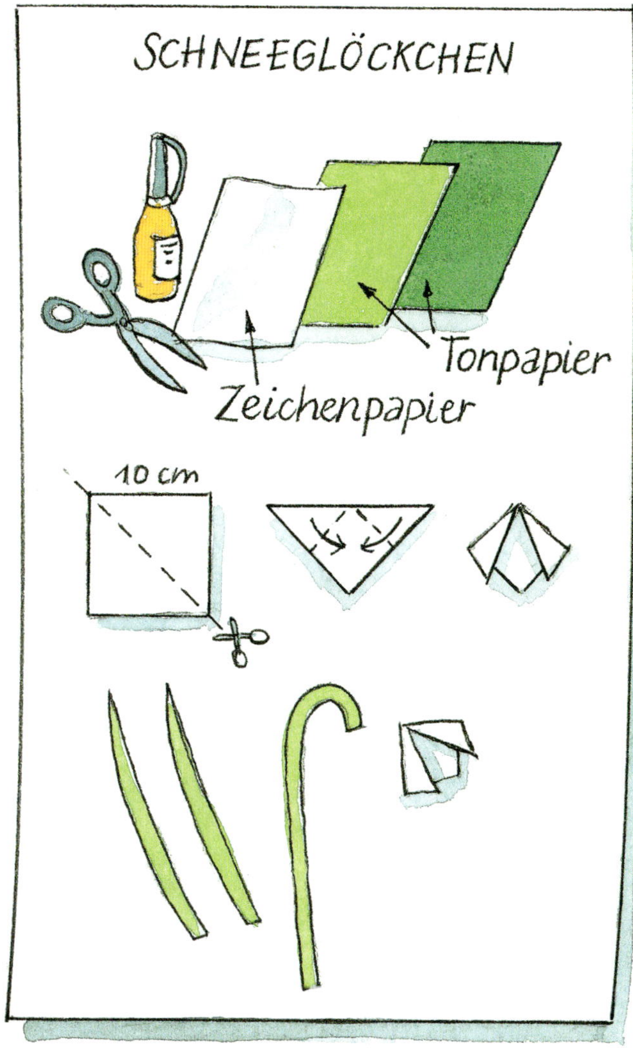

Die Legende vom Schneeglöckchen

(trad.)

Die Schneeglöckchen wurden von jenem Engel erschaffen, der Adam und Eva nach dem Sündenfall aus dem Paradies warf. Weil auf Erden Winter war, wurde Eva verzweifelt und mutlos. Der Engel redete ihr gut zu und versprach ihr den Frühling. Eva konnte ihm wegen des Schnees nicht glauben. Da hauchte der Engel ein paar Schneeflocken an, die zur Erde fielen und sich in Schneeglöckchen verwandelten. Seither sind Schneeglöckchen Zeichen für die Hoffnung und das Wiedererwachen nach einem langen und grauen Winter.

TIPPS UND TRICKS FÜR DEN EIGENEN GARTEN

- Schneeglöckchen können ganz einfach im eigenen Garten angepflanzt werden. Zwiebeln gibt es in jeder Samenhandlung oder Gärtnerei, ganze Pflanzen ebenfalls in Gärtnereien.
- Schneeglöckchen aus Wäldern können leicht ausgegraben und in den Garten verpflanzt werden.
  Wichtig: Vorher bei der zuständigen Naturschutzbehörde Erkundigungen wegen eines eventuellen Gefährdungsgrades einziehen, da diese Pflanze in manchen Gegenden selten ist. Auf keinen Fall dürfen große Mengen auf diese Weise „verpflanzt" werden.
- Am liebsten stehen Schneeglöckchen unter Bäumen oder Hecken. Sie mögen es nicht zu feucht, die Zwiebel würde sonst verfaulen.
- Die große Schwester des Schneeglöckchens, die Frühlingsknotenblume, gibt es ebenfalls in Form von Zwiebeln oder Pflanzen im Fachhandel. Die Frühlingsknotenblume hat größere Glöckchen, deren Blütenblätter alle gefleckt und gleich lang sind.
- Schneeglöckchen vermehren sich von selbst, wenn ihnen der Standort gefällt. Die Zwiebel kann sich nämlich in viele kleine Tochterzwiebeln teilen. In einigen Jahren entsteht so im Garten vielleicht eine Schneeglöckchenwiese.
- Im Mai sind die Schneeglöckchen nicht sofort vom Erdboden verschluckt. Aus der Blüte wächst eine immer größer werdende grüne Kapsel, in der die Samen reifen. Die Kapsel wird auch immer schwerer und kommt dann auf dem Erdboden zu liegen, wo sie im Sommer langsam zerfällt und die Samen entlässt.

GÄRTNEREI

SCHNEEGLÖCKCHEN IM BLUMENTOPF

Schneeglöckchen pflücken ist zwar schön, die Sträuße mit ihrem herrlichen Honigduft halten sich aber leider nicht lange in einem warmen Zimmer. Spätestens am zweiten Tag ist aus dem milchfarbenen, duftenden Glöckchen ein braunes Zipfelchen geworden.
Schneeglöckchen im Blumentopf können den feinen Honigduft viel länger im Zimmer halten. Sie lassen sich so auch vortreiben, wenn draußen noch Winter ist.

Alter: ab 3 Jahren
Material: Blumentontopf, Blumenerde, einige Schneeglöckchenzwiebeln oder austreibende Pflanzen, etwas Moos

Einen Blumentopf halb voll mit Blumenerde füllen und die Zwiebeln mit der Spitze (oder dem Trieb) nach oben einlegen.
Faustregel: Die Erdschicht muss 3 x so dick sein wie die Zwiebelgröße.
Die Zwiebeln mit Erde bedecken und mit Moos belegen.
Immer wieder einmal gießen, aber nicht zu viel, denn bei stauender Nässe verfaulen die Zwiebeln.
Es wird nicht lange dauern, bis die Schneeglöckchen durch das Moos stechen.
Sind die Schneeglöckchen verblüht, können ihnen die Kinder einen Platz im Garten suchen und dort einpflanzen. Vielleicht sind es ja dann im nächsten Jahr schon einige mehr!

KROKUS –
DER BUNTE GARTENLIEBLING

Krokusse sind die Frühjahrsboten für den Garten. Sie können selbst kleinste Rasenfleckchen mit ihrer Farbenvielfalt in wunderbare, bunte Blütenteppiche verwandeln, denn Krokusse gibt es in den verschiedensten Blütenfarben und -mustern. Eine ganz besondere Krokusart schenkt sogar seine Farbe her und gibt Raum für Färbespaß …

Steckbrief

Blüte: Trichterform mit unterschiedlichster Farbe (weiß, lila, gelb, violett); lange Blütenkronröhre, lange Staubfäden

Blatt: schmale, fast nadelförmige Blattform, Blätter mit weißem Streifen in der Mitte und am Rand eingerollt

Was ist noch besonders?

- kann fast bis zum Gletscher Wiesen überziehen
- besitzt fast keinen Stängel; der Stiel, der aus der Erde wächst, gehört zur Blüte; dadurch liegt die Frucht am Erdboden und ist vor Kälte geschützt.

Wo zu finden?

- die Wildform im Gebirge auf feuchten Wiesen und Weiderasen
- die gezüchtete Form in Gärten, Parks, …

Wann zu finden?
März bis April, im Gebirge Mai bis Juni

Wurzel: Sprossknolle mit dünnen Fäden, den eigentlichen Wurzeln

BERGHEIMAT

Die Heimat der Krokusse sind die Berge. Dort überziehen sie die Wiesen nach der Schneeschmelze mit einem Teppich aus weißen und violetten Blüten. Von den Gärtnern sind diese Bergkrokusse mit verschiedensten Krokus-Arten aus anderen Ländern und Erdteilen gekreuzt worden. Daraus sind zahlreiche Gartenformen entstanden, die viel größer und prächtiger als die Wildkrokusse sind: gestreift, 2-färbig, großblütig, gefüllt …

KUNST

FANTASIEKROKUSSE MALEN

Gartenkrokusse gibt es in den verschiedensten Farben, Mustern oder Formen. Die Kinder können ihrer Fantasie freien Lauf lassen und eigene Krokus-Traum-Züchtungen malen. Vielleicht werden ihre Träume eines Tages wahr!

Alter: ab 5 Jahren
Material: Malpapier, Wasserfarben, Farbstifte, Filzstifte …

Die Kinder malen einen Blütenteppich aus Fantasiekrokussen. Dabei wählen sie Formen, Muster und mischen die Farben, wie es ihnen gefällt!

Variante
Ältere Kinder malen dem Fantasiekrokus einen „Stammbaum“:

- Zuerst wurde ein weißer Gebirgskrokus mit einem gelben Krokus aus Asien gekreuzt, daraus ergab sich eine gelb-weiß gestreifte oder hellgelbe Krokusmischung;
- Dann kam ein netzadriger Krokus aus Südeuropa dazu … bis schließlich der gewünschte Fantasiekrokus das Ergebnis war.

Hier dürfen die Kinder so richtig mit den Farbmischungen spielen.

SONNENANBETER

Der Krokus öffnet seine Blüte nur bei Sonnenschein. Kommt eine große, schwarze Wolke, so schließt sich die Blüte sofort. Warum?
Es wird spürbar kühler, wenn sich eine Wolke vor die Sonne stellt. Genau das kann der Krokus auch fühlen und schließt dann seine Blüte. So ist er vor Regen oder Schnee geschützt. Dasselbe machen übrigens auch andere Frühlingsboten wie Feigwurz, Buschwindröschen und Gänseblümchen.

FÜHLEN – SPIEL

SONNE SPÜREN

Wie warm und hell die Sonne ist, erfahren die Kinder spürbar in dieser Aktion. Sie schlüpfen dabei in die Rolle der Krokuspflanze.

Alter: ab 3 Jahren
Material: große Wolke aus Karton, wenn im Raum gespielt wird: 1 große, helle Lampe oder Scheinwerfer

Die Kinder stehen als Krokusse mit geschlossenen Augen in der Sonne oder vor einer hellen Lampe. Ein Kind spielt die Wolke.
Das Wolkenkind darf mit seiner Kartonwolke die Sonnenanbeter beschatten. Sobald die Kinder durch die geschlossenen Augen bemerken, dass es dunkler (kühler) wird, gehen sie in die Hocke. Wird es wieder heller, blühen sie auf.
Das Wolkenkind wechselt immer wieder seine Position, dadurch werden immer wieder andere Sonnenanbeter beschattet.

RUHIGES BEWEGUNGSSPIEL

AUFBLÜHEN KROKUS UND SONNE

Alter: ab 4 Jahren
Material: meditative Musik

Für dieses Spiel werden Paare gebildet. Das eine Kind ist die Krokusknospe und kauert sich ganz klein auf den Boden. Das andere ist die Sonne und darf sie langsam (!) auseinander falten und aufblühen lassen:
Die Sonne bringt der Reihe nach

- die Beine dazu in die Höhe zu „wachsen"
- den Kopf dazu sich aufzurichten und die Augen zu öffnen
- die Arme dazu sich erst nach oben dann zur Seite zu strecken
- die Finger dazu sich auseinander zu spreizen

... und das alles in Zeitlupe, der warmen Sonne entgegen.

Variante
Es werden 3-er Gruppen gebildet, das dritte Kind ist eine Wolke und darf den Krokus wieder zusammenfalten.

WAS STICHT DA AUS DEM BLUMENGARTEN?

Text & Melodie: L. & J. Geißelbrecht

1. Was sticht da aus dem Blumengarten?
Ich glaub, der will nicht länger warten!
Hokus pokus Zaubernokus
Draußen ist der gelbe Krokus!

2. Was sticht da aus dem hohen Berg?
Ist das nicht ein weißer Zwerg?
Hokus pokus Zaubernokus
Draußen ist der weiße Krokus!

3. Was sticht da aus der harten Erde?
Ist das eine ganze Herde?
Hokus pokus Zaubernokus
draußen ist der lila Krokus!

4. Was sticht da durch das grüne Gras?
War das gar der Osterhas?
Hokus pokus Zauberei
Das ist ja ein Osterei!!!

Hinweis: Mit diesem Lied kann ein „sportliches", schnelles „Aufblühen Krokus und Sonne" gespielt werden. Innerhalb einer Strophe muss die Sonne den Krokus vollständig entfaltet haben. Zur nächsten Strophe werden die Rollen gewechselt.

SAFRAN, DER VERWANDTE

Ein naher Verwandter des Frühlingskrokus ist der Safran, der auch Echter Krokus genannt wird. Safran blüht im Oktober blauviolett und hat in der Mitte der Blüte etwas ganz Besonderes: ein winziges, orangerotes Stängelchen (genannt Griffel), das sich in 3 Teile (die Narben) verzweigt. Diese sind viel länger als beim Frühlingskrokus und ragen aus der Blüte heraus. Die Narben enthalten einen wertvollen Farb- und Gewürzstoff: Safran.
Der beste Safran kommt aus Spanien, von den fruchtbaren Böden der Mancha.
Für 1 kg Safran werden 100 000 Blüten benötigt. Für die Ernte dieser Menge braucht ein geübter Arbeiter 6 – 7 Stunden. Nun beginnt aber erst die aufwändigste Arbeit. Aus jeder Blüte müssen die Narben herausgezupft werden. Das dauert für 1 kg Safran 8 – 10 Tage! Sie werden dann vorsichtig über einem Feuer getrocknet und in winzige Papiertäschchen verpackt. Die Bewohner der Mancha feiern im Oktober die Safranernte mit einem Wettbewerb im Staubfädenzupfen. Wer ihn gewinnt, wird Safrankönigin.
Der Anbau und die Ernte sind nur mit der Hand möglich, daher ist Echter Safran das teuerste Gewürz der Welt: ein Gramm Safran kostet rund 7 €. Billiger Safran ist immer gefälscht: Er besteht aus Paprikapulver, Distelblüten oder sogar Fleischfasern.

SCHMECKEN – RIECHEN

WÜRZEN MIT SAFRAN

Eine winzige Menge reicht um ein Gericht mit Safran zu würzen. Er hat einen angenehmen Geruch und schmeckt süßlich würzig.
Früher wurde Safran zum Würzen und Färben von Gebäck verwendet, wie schon das alte Kinderlied sagt:

BACKE, BACKE KUCHEN (trad.)

Backe, backe Kuchen,
der Bäcker hat gerufen:
Wer will guten Kuchen backen,
der muss haben sieben Sachen:
Eier und Schmalz, Butter und Salz,
Milch und Mehl, Safran macht den Kuchen gehl.
Schieb, schieb in' Ofen rein!

SAFRANKUCHEN

Zutaten: 275 g Butter, 450 g Mehl, 1 Tütchen Safranfäden, die im Mörser fein zerstoßen werden, 1/2 TL Salz, 350 g Zucker, 175 ml Milch, 40 Pinienkerne oder Mandelstifte zum Bestreuen

Den Backofen auf 180 °C vorheizen.
Die Butter schmelzen und auskühlen lassen.
Mehl, Backpulver, Safran, Salz und Zucker in einer Schüssel vermengen.
Die Butter zur Mehlmischung geben und mit einer Gabel verrühren.
Eine Mulde hineindrücken, die Milch hineingießen und alles zu einem Teig verrühren. (Es ist ein sehr weicher Teig!)
Ein Backblech mit Backpapier auslegen, den Teig darauf verstreichen und mit etwas Milch bepinseln. Die Pinienkerne oder Mandelstifte gleichmäßig darauf verteilen.
Im Backofen ca. 30 Min. bei 180 °C backen.
Auf dem Blech leicht auskühlen lassen, in Stücke schneiden und am besten noch warm essen.

SAFRANKEKSE

Zutaten: 1 Tütchen Safranfäden, 4 EL Sahne, 150 g Mehl, 100 g Butter, 50 g Zucker, 1 Eigelb zum Bestreichen, 30 g Hagelzucker

Safran im Mörser fein zerreiben und mit der Sahne verrühren (färbt sich wunderbar gelb).
Die Safran-Sahne mit Mehl, Butter und Zucker verkneten, in eine Klarsichtfolie wickeln und mindestens 1 Stunde kühl rasten lassen.
Den Ofen auf 200 °C vorheizen.
Den Teig entweder ausrollen und mit Förmchen ausstechen (Sonne, Vogel, Blüte ...) oder zu kleinen Kügelchen formen oder zu dünnen Schlangen rollen und daraus Kränze oder Brezeln formen.
Das Backwerk auf ein mit Backpapier ausgelegtes Backblech legen, mit verquirltem Eigelb bepinseln und mit Hagelzucker bestreuen.
Im Ofen etwa 12 min backen.
Bald wird ein feiner Safranduft die Küche erfüllen!

SAFRANREIS

Zutaten: 250 g Rundkornreis (für Risotto), 1 Suppenwürfel, 1 Tütchen Safranfäden, 2 EL Olivenöl, 1 Zwiebel, Salz, evtl. Parmesan

Die Safranfäden einige Minuten in 1/2 l heißes Wasser legen und einen Suppenwürfel zugeben.
Zwiebel klein schneiden und in Olivenöl glasig braten.
Den Rundkornreis zugeben, kurz mitbraten und mit etwas Safran-Suppe ablöschen.
Bei kleiner Hitze so lange offen köcheln, bis der Reis die Suppe aufgesogen hat; dann den nächsten Teil Safransuppe zugeben.
Mehrmals wiederholen, bis die Suppe verbraucht bzw. der Reis gar ist.
Den Safranreis mit Salz abschmecken und eventuell mit Parmesan bestreuen.
Die Speise wird nach Safran duften und schmecken und außerdem eine schöne, gelbe Farbe bekommen.

SAFRANGELB

Früher trugen die großen Herrscher Staatsgewänder, die mit Safran gelb gefärbt wurden. Die Römer färbten die Randstreifen der Toga mit Safran, parfümierten die Luft damit und tranken ihn als Tee. Noch heute färben sich viele arabische Frauen mit Safran die Augenlider, Zehen und Finger.
Echten Safran gibt es in jedem Supermarkt. Er wird in Form von Safranfäden (das sind die ausgezupften Narben) in kleinen Mengen (ca. 0,14 g) in Briefchen oder Döschen angeboten. Safran in Pulverform ist oft gefälscht. Safran kann sehr sparsam verwendet werden. Sogar noch ein Gramm Safran färbt 100 Liter Wasser deutlich gelb.

KUNST

FÄRBEN MIT SAFRAN

Alter: ab 8 Jahren, bei Jüngeren mit Hilfe eines Erwachsenen
Material: Safranfäden, heißes Wasser

Safranfäden mit (am besten kochend) heißem Wasser übergießen.
Hinweis: Je heißer das Wasser und je mehr Safranfäden, desto intensiver und dunkelgelber wird die Farbe.
Die Kinder können gut beobachten, wie die gelbe Farbe aus den Blütennarben tritt. Auf diese Weise lässt sich weißen Stofftaschentüchern, weißen Garnen oder weißen Eiern ein warmer Gelbton geben ...

SONNENTUCH

Material: Stofftuch, Safranlösung

Die Kinder drehen ein 2-mal gefaltetes Tüchlein zu einer Tüte zusammen und tunken es mit der Spitze nach unten langsam und stufenweise in die Safranlösung, so werden die unteren Bereiche länger eingefärbt!
Entfalten die Kinder ihr Tuch, zeigt sich ein wunderschönes Safransonnentuch, das von innen nach außen immer hellgelber leuchtet.
Übrigens: Die Einfärbungen lassen sich bei 30 °C Waschmaschinenwäsche wieder rückgängig machen. Die Römer durften deshalb mit ihrer safrangefärbten Toga nie in den Regen gehen oder sie gar waschen!

SAFRANMALEREI

Material: Papier, stark konzentrierte Safranlösung, evtl. Stifte

Stark konzentrierte Safranlösung ist auch zum Malen auf Papier geeignet.
Die Kinder malen Bilder, die die Farbe Gelb zum Thema haben – ihrer Fantasie sind keine Grenzen gesetzt!

TIPPS UNS TRICKS FÜR DEN EIGENEN GARTEN

- Frühlings-Krokusse gibt es in Form von Knollen in allen möglichen Farbzüchtungen in Gärtnereien, Samenhandlungen oder selbst im Supermarkt. Es ist nur umständlich möglich echten Safran in unserer Gegend anzusetzen, er ist eine Mittelmeerpflanze.
- Am liebsten stehen Krokusse im Schatten von Sträuchern. Sie halten sich aber auch im Rasen, sofern er nicht zu kurz geschnitten wird. Auch Blumenbeete mögen Krokusse nur, wenn diese nicht zu oft durchwühlt werden. Die Knollen sollten nämlich nicht verletzt oder an die Oberfläche gebracht werden.
- Krokusknollen werden im Herbst mit der Spitze nach oben in die Erde gelegt. Dafür ein doppelt so tiefes Loch graben, wie die Knolle groß ist.
- Ist der Krokus verblüht, dürfen ihm keinesfalls die grünen Blätter abgeschnitten oder abgemäht werden. Diese braucht er nämlich noch, um die Nahrung in die Knollen zu saugen und damit im nächsten Frühling wieder schöne Blüten zu bilden.
- Im Laufe der Jahre nehmen alle Krokusse wieder die „Ur"-Farbe an: blasslila bis weiß! Das kann aber 10 Jahre dauern!
- Ein Garten voller Krokusse ist die reinste Bienenweide. Manchmal sind die Bienen im Frühling schon so hungrig, dass sie sogar die geschlossenen Krokusblüten aufbeißen!
- Der Krokus möchte nicht gepflückt werden. Er lässt nach kürzester Zeit in der Vase seinen Kopf hängen. Er wird besser auf solche Plätze im Garten gesetzt, die vom Fenster ersichtlich sind.

Frühling

GÄRTNEREI

KROKUSMUSTER PLANEN UND SETZEN

Vorfreude ausleben heißt es in dieser Aktion!

Bereits im Frühling planen die Kinder, wie ihre Krokuswiese im nächsten Jahr aussehen soll. Im Herbst erfolgt die Setzaktion und dann brauchen sie sich nur noch auf den nächsten Frühling freuen!

KROKUSMUSTER-PLANUNG (FRÜHLING)

Alter: ab 5 Jahren
Material: verkleinerter Plan des Rasenstücks, das bepflanzt werden soll; Buntstifte

Die Kinder überlegen sich gemeinsam ein Muster, Zeichen o. Ä., mit dem sie mit den Krokussen den Garten gestalten möchten und tragen es entsprechend in den Plan ein.
Hier sind einige Vorschläge:

- eine Sonne aus lauter gelben Krokussen
- kleine Krokusnester, jeweils in einer anderen Farbe
- Namen aus verschiedensten Krokussorten
- eine große Krokusspirale, mit Farbenspiel von hell bis dunkel

KROKUSKNOLLEN-SETZAKTION (HERBST)

Alter: ab 4 Jahren (mit Hilfe eines Erwachsenen)
Material: verschiedenste Krokusknollen (je nach Planung), kleiner Spaten, verschiedenfarbige Schnur

Krokusknollen werden in allen geplanten Lieblingssorten gekauft.
Die Kinder legen mit den farbigen Schnüren ihr gewähltes Muster auf dem Rasenstück aus.
Entlang der Schnüre werden 10-15 cm tiefe Gräben oder Löcher ausgestochen bzw. Rasenziegel abgehoben.
Die Kinder legen die Knollen mit der Spitze nach oben ein und decken sie mit Erde bzw. dem Rasenziegel sorgsam zu.
Und dann? Warten, warten, warten!

LEBERBLÜMCHEN – VORWITZCHEN IM ALTEN LAUB

Gehen wir im Vorfrühling durch einen Laubwald, so raschelt das Laub unter unseren Füßen zwar sehr schön, aber sonst ist eigentlich nicht viel los. Und dann, fast von einem Tag auf den anderen, wenn die Frühlingssonne einmal besonders warm war, gucken plötzlich blau-lila Sternchen vorwitzig aus der Laubdecke. Und diese schönen Blümchen haben guten Grund so schnell zu sein, denn bald wird es wieder dunkel am Waldboden.

Steckbrief

Blatt: dreilappig, ledrig, Unterseite violett mit feinen Seidenhaaren

Blüte:
blau-lila Blütenfarbe,
6 – 10 Blütenblätter

Was ist noch besonders ?

- Laubblätter überwintern
- Ameisenverbreitung
- selten purpurfarbene, weiße oder rosa Leberblümchen

Wo zu finden?
im Laubwald

Wann zu finden?
Ende Februar bis April

Wurzel: Wurzelstock (Rhizom)

NATÜRLICHES TREIBHAUS

Lange bevor andere, zarte Pflänzchen draußen in der kalten Luft etwas zu suchen haben, stecken Leberblümchen ihre Blütenköpfe aus der Laubdecke des Vorjahres. Sie treiben aus, sobald die oberen Bodenschichten auftauen und ihre Wurzeln ans Wasser gelangen. Dabei verbrauchen sie sämtliche Vorräte, die sie im Vorjahr angesammelt und in den Wurzeln gelagert haben.
Dieses vorwitzige Herauskommen ist deshalb möglich, weil die dunkle Laubschicht vom letzten Herbst wie ein Treibhaus wirkt. Sie speichert die Sonnenwärme und hält die warme Luft in den Hohlräumen fest. Wenn es draußen an der Luft 10 °C hat, steigt das Thermometer in der Laubschicht auf 25 – 30 °C!
Da lässt es sich für Leberblümchen natürlich gemütlich austreiben!

Fühlen

GANZKÖRPERTHERMOMETER

Kinder können die gespeicherte Sonnenwärme im Raschellaub „nachfühlen". So erfahren sie ganzheitlich, warum Leberblümchen so schnell und früh austreiben können.

Alter: ab 3 Jahren
Material: „Buddelkleidung", evtl. Thermometer

In der Umgebung suchen sich die Kinder einen schönen Laubhaufen. Sie buddeln sich in die raschelnde Laubschicht ein – oder lassen sich einbuddeln (das ist noch lustiger!) – und fühlen, wie warm es dort ist. So spielen sie selbst „Ganzkörperthermometer".
Wer den Temperaturunterschied noch immer nicht glauben will, misst ihn mit einem Thermometer nach!
Hinweis: Das ist natürlich nur ein „Schönwetterspiel"!

LEBENS-LICHT

Leberblümchen blühen sehr früh und schnell. Das müssen sie auch, bevor das Blätterdach der Laubbäume über ihnen geschlossen ist und die Sonnenstrahlen nicht mehr bis auf den Boden vordringen können. Im Frühling, wenn die Bäume kahl sind, gelangt noch die Hälfte des Sonnenlichts bis zum Waldboden. Später, wenn die Bäume Laub tragen, sind es nur noch wenige Prozent.
Die Blüten warten in den unterirdischen Wurzelstöcken den Winter über und stehen schon lange in den Startlöchern. Mit den ersten warmen Sonnenstrahlen legen sie los und schaffen es zu blühen und Samen zu bilden, bis das Blätterdach dicht ist und somit das „Lebens-Licht" erlischt. Die Leberblümchenblätter hingegen warten. Sie kommen erst wenn das Laubdach wieder lückiger wird und überwintern dann. Daher sind die Blätter neben den Leberblümchenblüten noch die vom vorigen Jahr und deshalb auch alt, braun und ledrig.

Sehen

LEBERBLÜMCHEN IM LAUB SUCHEN

Hier sind scharfe Augen und ein bisschen Glück gefragt.

Alter: ab 3 Jahren

Noch bevor Leberblümchen aus dem Laub gucken, der Schnee aber bereits geschmolzen ist, können sich Kinder auf die Suche nach ihnen machen. Die alten Lederblätter vom Vorjahr sind ein Fingerzeig dafür.
Die Leberblümchen-Detektive schieben das Laub vorsichtig zur Seite, entdecken die frischen Triebe und vielleicht schon blaue Knospen …
Natürlich sollte die Spielleitung die ungefähren Plätze kennen, sonst bleibt der Erfolg aus und das wäre für die Kinder nicht lustig.
Hinweis: Leberblümchen wollen wieder gut zugedeckt werden!

Es ist sinnvoll, wenn die Kinder die Leberblümchen auch im Sommer, Herbst und Winter besuchen, damit sie den ans Licht angepassten Lebenszyklus wirklich erfassen können.

Spiel

KAMPF UM DAS LICHT

Die Kinder dürfen sich in diesem Spiel in die Lage eines armen, lichthungrigen Pflänzchens versetzen, das in einem dichten Wald wächst.

Alter: ab 3 Jahren
Ort: Raum, der zu verdunkeln ist
Material: Kerze

Die Gruppe geht langsam im abgedunkelten Raum umher. Sobald die Spielleitung die Kerze entzündet hat, bleiben alle Kinder angewurzelt stehen. Die Spielleitung stellt die Kerze irgendwo im Raum hin. Jetzt müssen die Kinder durch Körperverrenkungen aber ohne mit den Füßen den Bodenkontakt zu verlieren Sichtkontakt mit der Kerze erlangen.
In der nächsten Spielrunde wird die Kerze woanders hingestellt und dann werden wieder manche lichthungrige Pflänzchen (Kinder) nur mit Anstrengung zum Licht kommen, andere wiederum ganz leicht.
Da mit jeder Spielrunde eine völlig neue Situation entsteht, bleibt dieses Spiel besonders bei vielen Kindern (da sie sich gegenseitig dann mehr beschatten) spannend.

Kunst

LEBERBLÜMCHEN IM JAHRESZEITENBILD

Leberblümchen haben einen eigenartigen Lebenszyklus. Die Abfolge des Auftretens ihrer Blätter und Blüten spielt mit dem Laubwaldblätterdach zusammen.
Eine Plakatmalaktion kann diese Abhängigkeit wiederholen und vertiefen.

Alter: ab 6 Jahren
Material: Plakatpapier, Wachsmalkreiden oder Wasserfarben

Die Kinder teilen sich in vier Gruppen auf. Jeweils ein Team bekommt die Aufgabe einen Laubwald mit Leberblümchen im Unterwuchs zu einer bestimmten Jahreszeit in einer großflächigen Maltechnik zu gestalten.

Winter-Team: kahle Bäume, dünne Schneedecke mit herausguckenden alten Leberblümchenblättern vom Vorjahr;
Frühlings-Team: Bäume mit Blattknospen, am Boden blauer Blütenteppich;
Sommer-Team: dicht belaubte Bäume, im Unterwuchs fruchtende Leberblümchen mit knospenden Laubblättern;
Herbst-Team: Bäume im Herbstlaub, am Boden wachsen Büschel mit grünen Leberblümchenblättern;
Die vier Jahreszeitenbilder werden dann als Abfolge zu einer großen Plakatwand zusammengefügt.

TIPPS UND TRICKS FÜR DEN EIGENEN GARTEN

- Leberblümchen gibt es in Form von ganzen Pflanzen in Gärtnereien.
- Leberblümchen wachsen nur unter Laubbäumen oder Laubhecken, besonders gerne unter Buchen und Eichen. Unter Nadelbäumen oder im Rasen würden sie bald verschwinden.
- Leberblümchen vermehren sich schnell von selbst.
- Leberblümchen verlieren sehr leicht ihre blauen Blütenblättchen. Sie sind nicht für die Blumenvase geeignet.
- Leberblümchen blühen sehr bald im Frühjahr und bilden nach der Blüte kleine Nüsschen mit fettem, fleischigen Anhängsel aus. Ameisen lieben diese Anhängsel und verbreiten dadurch die Samen an andere Orte. Im Sommer entwickeln sich dann hellgrüne, dreilappige Blätter, die durch ihre Überwinterung mit der Zeit immer dunkler und ledriger werden.

GÄRTNEREI

BLAUE BAUMSCHUHE

Unter Bäumen wächst oft nicht viel. Leberblümchen sind eine der wenigen Ausnahmen, die fast bis zum Stamm hin gut gedeihen können.
Kinder haben eine Freude, wenn sie Bäumen blaue Schuhe „anpflanzen“ dürfen, schließlich bekommen sie ja auch oft im Frühling neue, leichte Schuhe!

Alter: ab 4 Jahren
(mit Hilfe eines Erwachsenen)
Material: Leberblümchenpflanzen (aus Gärtnerei oder Wildsammlung), kleiner Spaten

Am Fuße eines Laubbaumes (am besten Buche oder Eiche) pflanzen die Kinder die Leberblümchen.
Vielleicht wachsen die „blauen Schuhe“ bis zum nächsten Jahr wie die Füße der Kinder!

HUFLATTICH –
GELBE SONNEN UND GRÜNE SCHIRME

Eine Pflanze voller Überraschungen: Das ist der Huflattich!
Im Frühling stoßen gelbe Sonnenblüten aus bloßem Schotter. Im ersten Augenblick hält man sie für Kunststoffblumen, denn wo sollen diese armen Pflanzen ihre Nahrung hernehmen?
Die nächste Überraschung folgt dann im Mai: Riesige Blätter, die vielgeliebten Kinderschirme, erscheinen wie aus dem „Nichts".
Und sogar unterirdisch sorgt der Huflattich noch für Erstaunen ...

Steckbrief

Blüte:
gelber Blütenkorb mit 2 Blütensorten:
1. in der Mitte ca. 30 dunkelgelbe Röhrenblüten mit viel Pollen, duften nach Honig, bilden keine Samen
2. randlich ca. 300 goldgelbe Zungenblüten, locken Tiere an

Was ist noch besonders?
- mindestens 25 verschiedene Tierarten, vor allem Bienen und Fliegen ernähren sich vom Huflattich, wichtige Pollenquelle
- steht meist in Herden
- aus der Blüte wird eine Pusteblume, die Samen werden vom Wind verbreitet
- ist ein Lichtkeimer
- aufgrund seines Gehaltes an bestimmten Alkaloiden nicht essbar!

Stängel:
mit rötlichen Schuppen und mit weißen, feinen Wollhaaren bedeckt, blattlos

Blatt:
kommt erst im Mai, Blattform hufähnlich, daher der Name, Unterseite graufilzig

Wo zu finden?
auf Schuttplätzen,
Schotterhügeln,
an Weg- und Straßenrändern,
Bahndämmen, Baugruben,
auf brachliegenden Äckern

Wann zu finden?
Blüte von Ende Februar bis Ende April, Blätter ab Anfang Mai

Wurzel: unterirdisch laufende Stängel = Ausläufer mit dünnen Wurzeln

UNTERIRDISCHE ÜBERRASCHUNG

Die verborgene Kraft des Huflattichs steckt unter der Erde. Dort bildet er unterirdische Ausläufer, das sind Stängel, die unter der Erde verlaufen. Dieses Stängelgeflecht wird bis zu 2 m lang. Ganze Fluss-Schotterbänke werden oft mit solch einem Ausläufergeflecht durchzogen. Durch diese Triebe kann sich der Huflattich in der näheren Umgebung immer weiter ausbreiten – für größere Entfernungen hat er ein anderes Mittel: seine Fallschirmsamen!

WACHSTUMSMEISTER HUFLATTICH

Huflattichpflanzen sind wahre Wachstumsmeister. Gepflückte, kurzstängelige Sonnenblüten, die wie kleine Löwenzähne aussehen, stehen ein paar Tage später auf langen Stielen. Wenn sie verblüht sind, lassen sie zunächst ihre Köpfchen nach unten hängen. Aber nach ein paar Tagen, wenn seine Samen reif geworden sind, richten sich die Köpfchen wieder auf und bilden kleine, weißpelzige Pusteblumen aus.
Die Samen können durch ihre Fallschirme weit fliegen und dadurch auf die unmöglichsten Standorte gelangen.

SEHEN

ERDNETZ ZIEHEN

Alter: ab 6 Jahren
Ort: Schotter-Standort mit vielen Huflattichblüten

Die Gruppe kommt zu einer Stelle mit vielen Huflattichblüten. Am besten ist dafür Schotteruntergrund geeignet, weil da die Pflanzen besonders locker sitzen.
Jedes Kind sucht sich eine Blüte aus und zieht vorsichtig daran.
Werden nun die Pflanzen vorsichtig weiter aus dem Schotter gezogen, wird schlussendlich die ganze Gruppe wie die Blüten miteinander vernetzt sein!

SEHEN

HUFLATTICH IM GLAS

Mit dieser Aktion wird den Kindern das Werden und Vergehen der gelben Blüte bewusst gemacht.

Alter: ab 3 Jahren
Material: 1 Glas Wasser, junge Huflattichpflanzen

Die Kinder pflücken junge Huflattichpflanzen und stellen sie in ein Glas mit Wasser. Nun beobachten sie jeden Tag, wie sich die Pflanze verändert, von der Knospe über die Blüte zur Pusteblume bis hin zur Samenverbreitung.
Ältere Kinder führen dazu auch ein Tagebuch mit eigenen Zeichnungen.

GÄRTNEREI

SAMEN-KRAFTPROBE

Kinder können überprüfen, ob der Schotterpionier wirklich so wagemutig ist.

Alter: ab 4 Jahren
Material: reife Huflattich-Samen, Schottersteine, Blumenerde, Tontopf

Die Kinder befüllen ihren Tontopf zur Hälfte mit Blumenerde und darüber mit Schottersteinen. Sie streuen die Huflattich-Samen auf die Steine (nicht bedecken!). Jetzt heißt es hie und da einmal gießen und warten, ob es einer schafft!

ERSTBEZWINGER

Der Huflattich ist eine sehr bescheidene und wagemutige Pflanze. Schon ein paar Krümel Erde reichen ihm für die Samenkeimung. Er wagt sich als Erster an Orte, von denen man glauben könnte, hier würde niemals etwas wachsen, wie z. B. kahle Schotterbänke, Schutthaufen ...
Er ist dadurch ein „Vorbote des Lebendigen". Sein Wachstum bringt Humus und andere Lebewesen mit sich. So bereitet er den Boden für Pflanzen vor, die bessere Erde brauchen, z. B. Löwenzahn und Gänseblümchen.

HEILENDE REGENSCHIRMBLÄTTER

Erst im Mai, wenn die letzten Samen mit ihren Fallschirmen fortgeflogen sind, entwickeln sich die Blätter. Sie werden so groß wie Rhabarberblätter und sehen auch so ähnlich aus.
Huflattichblätter werden in der Heilkunde verwendet, weil sie entzündungshemmend und krampflösend wirken. Besonders hartnäckigen Husten kann diese Pflanze lindern. Schon die Ärzte der Antike erkannten seine große Heilkraft und verabreichten getrocknete Huflattichblätter zu Heilzwecken als Tabak in der Pfeife.
Vorsicht: In letzter Zeit wurden in den Blättern und Blüten bestimmte Alkaloide festgestellt, die für Kinder gesundheitsschädlich sein können. Wie so oft bei Heilpflanzen ist auch hier zwischen Heilkraft und Giftigkeit eine sehr verschwommene Grenze.

FANTASIE-SPIEL

BLÄTTERSPIELE

Huflattichblätter eignen sich vielfältig als Gebrauchsgegenstände wie Regenschirm, Toilettenpapier, Zwergenhut, Versteckmöglichkeit ... und sind wichtiges Utensil für ärztliche Behandlungen im Grünen!

Alter: ab 5 Jahren
Ort: Standort mit vielen Huflattichblättern

Die folgenden drei Aktionen umfassen die vielseitigen Spielmöglichkeiten mit Huflattichblättern und lassen sie die Kinder hautnah erfahren.

1. EINSTIMMENDES FANTASIESPIEL:

Ein Kind (oder die Spielleitung) beginnt mit dem Satz „Mein Huflattichblatt ist ...“ und stellt einen Begriff dar, ohne ihn zu nennen (z. B. rollt das Huflattichblatt zu einer Zigarre und tut so als ob ...). Wer den Begriff erraten hat, behauptet nun „Mein Huflattichblatt ist ...“ und beschreibt den nächsten Begriff ...

2. SPIELEN & BASTELN MIT HUFLATTICHBLÄTTERN

Aus Huflattichblättern fertigen die Kinder verschiedene Gegenstände, die sie zum Spielen brauchen.

Beispiele
- Blätterdach für die Zwergenhütte
- Tischsets für ein Picknick
- Crêperie (Huflattichblätter gerollt mit verschiedener Fülle)
- Schirme für den Schirmladen
- Geschenkpapier (als Päckchen zugebunden, mit Überraschung darin) ...

3. PRAXIS DR. HUFLATTICH

Die Spielleitung erklärt den Kindern unterschiedliche Behandlungsmethoden mit Huflattichblättern.

Beispiele
Kopfschmerzen: frische Huflattichblätter mit der filzigen Unterseite auf die Stirn legen
Venenentzündung: aus frischen, zerstoßenen Blättern eine salbenartige Masse bereiten und die Stelle bestreichen
Angeschwollene Füße: grüne Huflattichblätter auflegen
Husten: Blätter trocknen, verbrennen und damit räuchern (nur unter Aufsicht!)

Mit diesem Wissen eröffnen die Kinder eine Waldpraxis, in der ein Kind als Dr. Huflattich mit einigen AssistentInnen die Patienten behandelt ...
Den Kindern fallen bestimmt noch viele andere Krankheiten und deren Behandlungsmethoden ein!
Nach einiger Zeit wechseln die Kinder die Rollen.

! **Achtung:** Blüten und Blätter sollen nicht gegessen werden, obwohl sie noch in vielen Büchern als Delikatesse beschrieben werden. Sie enthalten bestimmte Alkaloide, die besonders für Kinder bedenkliche Nebenwirkungen haben können. Auch die Zubereitung von Hustentee und Hustensirup aus Huflattichblättern und -blüten wird aus demselben Grund vorsichtshalber nicht beschrieben. Stattdessen kann aber aus den Blüten eine „Zaubermedizin“ gebraut werden, die rein äußerlich anzuwenden ist!

TIPPS UND TRICKS FÜR DEN EIGENEN GARTEN

- Huflattich gibt es weder in Form von Samen noch von ganzen Pflanzen zu kaufen. Aber in der Natur ist er sehr häufig und darf ihr daher entnommen werden.
- Huflattiche sind sehr genügsame Pflänzchen und sollten daher an ganz karge Plätze im Garten gepflanzt oder gesät werden: Gut eignen sich dafür trockene Schuttplätze mit viel Schotter und Sand oder Wegränder. Wenn der Boden zu gut ist, sind andere Pflanzen stärker als der Huflattich und werden ihn von dort vertreiben.
- Der Huflattich ist ein Lichtkeimer. Seine Samen sollen daher auf die Erdoberfläche gestreut und nicht vergraben werden.

GÄRTNEREI

HUFLATTICH-BEETE

Mit dieser Aktion beobachten die Kinder, ob der Huflattich sich wirklich im kargen Boden am wohlsten fühlt.

Material: Huflattichsamen, Steine zum Begrenzen der Beete

Die Kinder begrenzen mit Steinen kleine Flächen in der näheren Umgebung und bestreuen sie mit Huflattichsamen. Zum Beispiel eine Sandfläche, auf der Wiese, auf einem Stück Blumenbeet, am Wegrand … – überall dort, wo es ihnen gestattet wird!
Mit etwas Geduld können sie beobachten, an welchen Stellen die meisten Samen aufgehen.

BÄRLAUCH – DAS KNOBLAUCHMEER

Zwar unauffällig grün, doch nicht zu überriechen, das ist der Bärlauch. Er tritt stets in Massen auf und das ist sehr praktisch. So können alle mit gutem Gewissen Bärlauch naschen, ihn ausgraben, mit ihm spielen, durch ihn hindurchwandern … ihn schmecken, sehen und riechen ohne Einschränkung. Eine wichtige Voraussetzung gibt es allerdings: Sie müssen ihn wirklich gut kennen!

Steckbrief

Blüte:
weiße Blütensterne mit
6 Blütenblättern in einer Dolde,
nach Knoblauch duftend

Was ist noch besonders?
- Blüte kommt erst nach den Blättern
- Samen werden von Ameisen verbreitet
- Gefahr der Verwechslung mit Maiglöckchen oder Herbstzeitlose, Dufttest machen!

Blatt:
anfangs hellgrün, dann dunkler,
zungenförmig, weich,
nach Knoblauch duftend

Wo zu finden?
- wild in Auwäldern, feuchten Buchenwäldern
- verwildert in Parks und großen Gärten

Wann zu finden?
- Blätter ab Mitte März bis Anfang Mai,
- Blüten ab Anfang Mai

Wurzel: weiße, längliche Zwiebel mit starkem Knoblauchduft

Riechen – Bewegung
DUFTSPUR

Die Kinder machen einen „Aroma-Spaziergang“ mit verschiedenen Aktionen durch das „Bärlauchmeer“ und atmen den Duft bewusst ein. Ihre Schuhe werden auch Knoblaucharoma annehmen, sodass sie den Duft auch noch ein bisschen nach Hause mitnehmen können. Weiße Turnschuhe werden unter Umständen vorübergehend sogar etwas grün!

Alter: ab 4 Jahren
Ort: ein Bärlauchmeer

Geht eine Gruppe durch dichten Bärlauch, hinterlässt sie eine deutliche Spur. Die Spielleitung geht mit der Gruppe Schleifen, Achter, Slaloms oder Muster vor.
Sind die Spuren im Blättermeer gelegt, beginnt das Spiel.
Jetzt heißt es in immer neuer Weise dem Muster „nachzulaufen“:

- immer schneller
- auf einem Bein
- rückwärts
- auf Zehenspitzen ...

EIN GRÜNES DUFTENDES MEER

Bärlauch wächst in Auwäldern, feuchten Buchenwäldern, auch in Parks aber niemals allein, sondern immer in großen Mengen.
Im März durchstoßen die Blätter aufgerollt zu kleinen Spießchen die Erde, entfalten sich und bilden ein regelrechtes Blättermeer. Andere Pflanzen finden dann kaum noch Platz. Erst im Mai kommen unzählige, weiße Blütensterne dazu, die dann als Samen für die große Ausbreitung sorgen.
Ein Quadratmeter Bärlauch beherbergt durchschnittlich 60 Pflanzen, 160 Dolden und 9000 Samen!
Und alles duftet nach feinem Knoblauch. Der Duft stammt von den ätherischen Ölen, die in der ganzen Pflanze eingelagert sind.
Wenn die Bäume ihre Blätter treiben, ist der Bärlauch schnell wieder verschwunden.

RIECHEN – SEHEN

SCHATZSUCHE IM DUFTMEER

In dieser Aktion werden die Kinder nicht nur intensiv riechen, sondern auch gucken müssen, um an den Schatz zu gelangen.

Alter: ab 4 Jahren
Ort: ein Bärlauchmeer
Material: Schatz (z. B. Kiste mit Brot, Butter und Salz)

In einem abgegrenzten Bärlauch-Bereich gibt es eine Spur, die zu einem Schatz führt. Sie wurde vorher heimlich von der Spielleitung mit Irrwegen, Sackgassen und einem Startpunkt für jede Gruppe „gespurt".
Die Kinder werden in kleine Gruppen aufgeteilt und stellen sich jeweils an ihren Startpunkt. Auf ein Zeichen starten die Kinder und folgen den Spuren.
Wichtig: Die Kinder dürfen, auch wenn sie den Schatz bereits entdeckt haben, die Spur nicht verlassen!
Die Gruppe, die den Schatz zuerst gehoben hat, darf die Bärlauchbutter-Brote (s. S. 43) zubereiten und an alle verteilen!

BÄRENSTARKER BÄRLAUCH

Die Menschen haben beobachtet, dass abgemagerte Bären, die nach dem Winterschlaf große Mengen von Bärlauch fraßen, bald wieder kräftig wurden und ein schönes, glänzendes Fell bekamen. Von diesen „Bärenkräften" stammt sein Name.
Bärlauch wirkt aber auch beim Menschen. Wenn er im Frühling sehr müde ist, kann er durch ihn wieder zu Bärenkräften kommen. Er reinigt Blut, Darm und Magen, verhindert, dass Arterien verkalken, und wehrt böse Bakterien ab.
Bärlauch enthält Vitamin C und soll viel stärker als echter Knoblauch wirken, weil er nie gezüchtet wurde.

DER BÄRLAUCH (Evamarie Taferner)

Was denkt der Bär
So ungefähr
Wenn er in einer Frühlingsnacht
Vom langen Winterschlaf erwacht?
„Mein Bauch ist leer
Der Kopf so schwer
Wo find` ich nur
In der Natur
Den grünen Lauch
Für meinen Bauch?"

Da meint Frau Bär:
„Ich bitte sehr
Folge mir nach
Nahe dem Bach
Spürst du den Duft
Schon in der Luft?"

So trabt der Bär mit seiner Frau
Voll Freude in die grüne Au!
Hörst du sie schmatzen?
Mit Maul und Tatzen
Schlagen sie drein
Und nicht sehr fein!

Es kehren die Kräfte
zurück durch die Säfte
So können die Bären
Uns Menschen was lehren:
Fühlst du dich matt
Such dir ein Blatt
Lass es dir munden
Du wirst gesunden!

BEWEGUNG

BÄRENKRÄFTE

Hier können die Kinder – am besten nach einem „Bärlauch-Picknick“ – ihre „Bärenkräfte“ messen!

Alter: ab 4 Jahren
Ort: ein Bärlauchmeer
Material: alles, was zu einem Bärlauch-Picknick gehört

Am Rande eines Bärlauchmeeres treffen sich die Kinder zum Picknick. Haben alle ausreichend Bärlauch verzehrt, startet ein Kräftewettbewerb.

Die verschiedenen Bewerbe können sein:

- Wer kann gleichzeitig die meisten Bärlauchblätter abreißen?
- Wer reißt das längste Bärlauchblatt ab?
- Wer gräbt die längste Bärlauchpflanze aus?
- Wer läuft am schnellsten durch das Bärlauchmeer?

Denkbar sind auch gängige Kräftemessbewerbe wie Armdrücken, Fingerhakeln (mit Mittelfinger), Umwerfen (nur mit Armen, ohne einen Schritt vor oder zurück zu machen) …

HEXENKRÄFTE

Schon seit dem Mittelalter wurde dem Bärlauch wegen seines Geruches „vertreibende Kraft“ gegen Vampire und andere Blutsauger zugesprochen. Sogar bei Dieben soll er helfen, diese zu entlarven. So heißt es: „Wurde dir etwas gestohlen, binde vor dem Schlafen Bärlauch und Brot an den linken Arm. Vielleicht erscheint der Dieb dann im Traum!“ … Falls du überhaupt schlafen kannst!

SPIEL

DIEBVERTREIBUNGSSPIEL

Alter: ab 5 Jahren
Material: Augenbinden und Bärlauchblätter für alle

Mit verbundenen Augen und einem Bärlauchblatt in der Hand sitzen die Kinder im Kreis. Jedes Kind legt vor sich einen persönlichen Gegenstand.
Ein Kind ohne Augenbinde ist der „Dieb“. Es hat die Aufgabe sich leise anzuschleichen und einen Gegenstand zu stehlen.
Wer den Dieb hört – und nur dann! – zeigt mit dem Bärlauchblatt in dessen Richtung. Der Dieb muss den Gegenstand liegen lassen und woanders sein Glück versuchen.
Gelingt es ihm aber, den Gegenstand unbemerkt zu stehlen, so wird der Bestohlene zum nächsten „Dieb“.
Hinweis: Natürlich hat die Spielleitung immer ein wachsames Auge auf das Geschehen!

BEWEGUNGSSPIEL

VAMPIRSPIEL

Alter: ab 5 Jahren
Material: Bärlauchblätter

Die Spielleitung versteckt unbemerkt die Bärlauchblätter im Zimmer. Ein Kind wird zum Vampir gewählt, dreht sich zur Wand und zählt laut bis zehn. Währenddessen laufen die anderen Kinder weg und suchen die Bärlauchblätter.
Bei 10 dreht sich der Vampir um und versucht die Kinder zu erwischen, die noch kein Bärlauchblatt gefunden haben.
Wer abgeklatscht wurde, wird in der nächsten Runde auch zum Vampir. So gibt es mit jedem Durchgang mehr und mehr Vampire.
Wer schafft es bis zuletzt den Vampiren zu entkommen?

RIECHEN

VAMPIRZAUBERSAFT

Die Kinder treten hier in die Fantasiewelt der Vampire und anderer diebischer oder ekliger Gestalten ein und wappnen sich vor ihnen durch allerlei „Zaubermittel".
Vielleicht trägt diese Aktion auch zu ruhigerem Schlaf und schönen Träumen bei.

Alter: ab 4 Jahren
Material: Bärlauchpflanzen, Mörser oder Schalen und raue Steine

Die Kinder bereiten einen Zaubersaft gegen Vampire. Die wichtigste Zutat ist Bärlauch, der im Mörser oder zwischen flachen Steinen zerrieben wird. Besonders gut geeignet ist dafür die Zwiebel, sie duftet am stärksten – und wehrt dadurch auch am besten ab!
Der weißgrüne Brei kann je nach gebotener Wirkung des Zaubersaftes noch mit anderen Zutaten ergänzt werden (Baumschwämmen, Haselnusswürstchen, Schlammbrühe, Flechtenstückchen ...).
Der Brei eignet sich aber ebenso gut als „Knofel-Parfüm" für eklige Schlammkerle, Wurzel- oder Steinwesen, die die Kinder als Vampirschutz modellieren, aufstellen und einparfümieren können.

LECKERER BÄRLAUCH (MIT ETWAS VORSICHT!)

Bärlauch ist nicht nur gesund, sondern schmeckt auch sehr gut. Schon die Steinzeitmenschen haben Bärlauch gegessen. Am besten eignen sich die jungen Blätter. Die frischen jungen Blattspießchen schmecken noch milder und feiner als Schnittlauch. Wenn die ersten Blüten kommen, sind die Blätter bereits sehr scharf. Dann werden die Blüten gepflückt.

! Vorsicht! Bärlauchblätter dürfen niemals mit den giftigen Blättern von Maiglöckchen oder Herbstzeitlosen verwechselt werden: Maiglöckchenblätter sind ledriger und riechen nicht nach Knoblauch. Herbstzeitlosenblätter haben auch kein Knoblaucharoma, wachsen im Büschel, in dessen Mitte sich später (im April) eine große grüne Fruchtkapsel bildet. Auch die Wurzeln sehen unterschiedlich aus. Nur der Bärlauch hat eine schmale weiße Zwiebel, die nach Knoblauch duftet, so wie die ganze Pflanze.
Nicht vergessen! Zur Sicherheit immer einen Knoblauchdufttest durchführen!

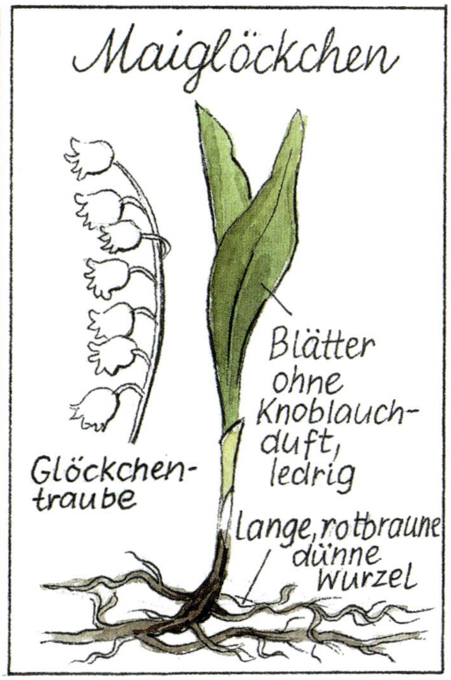

SCHMECKEN

KOCHEN MIT BÄRLAUCH

BÄRLAUCHBUTTER

Zutaten: junge Bärlauchblätter, Butter, Salz

Junge Bärlauchblätter fein hacken, mit weicher Butter und Salz vermischen.
Die Butter zu kleinen Bällchen formen oder in ein Schmalztöpfchen streichen.
Im Kühlschrank aufbewahrt ist die Butter auch einige Tage lang haltbar.

BÄRLAUCHPIZZA

Zutaten: etwas Bärlauchpaste (s. o.), 1 Becher Schlagsahne, 50 g geriebenen Käse, 3 Eier, Pizzaboden

Die Paste mit der Schlagsahne, dem Käse und den Eiern vermischen, auf den Pizzaboden geben und backen.

BÄRLAUCHPASTE

Zutaten: junge Bärlauchblätter, 100 ml gutes Olivenöl, 1 EL Salz, eine Hand voll Pinienkerne, 100 g geriebener Parmesan

Junge Bärlauchblätter fein hacken und mit Olivenöl, Salz, Pinienkernen und geriebenem Parmesan vermischen. Alle Zutaten pürieren.
Bärlauchpaste schmeckt lecker zu Spaghetti oder auf Toastbrot gestrichen und wenige Minuten im heißen Ofen erwärmt!
Die Paste hält sich in einem verschließbaren Glas, mit einer 2 cm dicken Olivenölschicht bedeckt und kühl aufbewahrt, einige Wochen.

BLÜTENBROT

Zutaten: Schwarzbrot, Butter, frische Bärlauchblüten

Schwarzbrot mit Butter bestreichen, Blüten von der Dolde abzupfen und in einem schönen Muster auf das Brot stecken. – Das können auch schon 3-jährige Kinder zubereiten!

TIPPS UND TRICKS FÜR DEN EIGENEN GARTEN

- Bärlauch ist eine häufige Pflanze in Auwäldern und feuchten Laubwäldern. Sie darf daher auch ausgegraben werden.
- Bärlauch liebt schattige, feuchte Stellen unter Laubbäumen, Trockenheit und Rasenmäher verabscheut er.
- Wenn es ihm wo gefällt, vermehrt er sich schnell durch Zwiebelteilung und Samenverbreitung.
- Seine grünen Früchte werden im Juni reif. Sie springen dreiklappig auf und entlassen 3 schwarze, kugelige (ungefähr stecknadelkopfgroße) Samen. Danach zieht der Bärlauch in den Boden ein. Also nicht erschrecken – im nächsten Frühjahr kommt er sicher wieder!

GÄRTNEREI

BÄRLAUCHFLECK

Alter: ab 4 Jahren
Material: Bärlauchpflanzen, kleiner Spaten

Bärlauch lässt sich ganz einfach im eigenen Garten anbauen. Dafür wird in einem Bärlauchwald ein ganzer Erdziegel mit Bärlauchbewuchs ausgestochen und an eine schattige Stelle im Garten, am besten unter Laubbäumen, verpflanzt.
Wenn es dem Bärlauch dort gefällt, wird der Bärlauchfleck immer größer und vielleicht sogar einmal ein ganzes Meer.

SCHARBOCKSKRAUT – DER BLUMENBEETÜBERZIEHER

Wenn Blumenbeete mit einem Teppich aus glänzenden, herzförmigen Blättern und gelben Blütensternen überzogen werden, haben strenge Gärtner keine besondere Freude damit. Wenn sie aber wüssten, wie vielseitig verwendbar dieses Scharbockskraut (auch Feigwurz genannt) ist, würden sie ein bisschen Respekt bekommen.
Aber nicht nur Gourmet- und Hexenköche haben damit eine Freude, auch kleine NaturforscherInnen, die mit Lupen, Mikroskopen, Schaufeln, Blumentöpfen und Gießkannen ausgerüstet sind …

Steckbrief

Blüte:
gelb, sternförmig, jedes Blütenblatt mit Honigschuppe

Blatt:
herzförmig, fettig glänzend, bildet Blätterteppiche

Stängel:
niederliegend bis aufsteigend

Was ist noch besonders?
- Brutknospen in den Achseln der Laubblätter (= weißliche Knöllchen) für die Vermehrung
- Blüte nur bei Sonne geöffnet
- bildet keine oder nur verkümmerte Früchte aus
- Ende Mai ist Blätterteppich verschwunden, nur noch Knöllchen da
- naher Verwandter vom Hahnenfuß
- Blätter vor der Blüte essbar, nachher leicht giftig

Wann zu finden?
Anfang März bis Ende April

Wo zu finden?
- in Gräben und Mulden, wo vorher Wasser stand
- entlang Bächen
- unter großen Parkbäumen und in Blumenbeeten
- in Auwäldern und feuchten Laubwäldern

Wurzel: fadenförmig, dazwischen keulenförmige Wurzelknöllchen

GEHEIME SCHÖNHEIT

Das Scharbockskraut ist mehr als ein unscheinbares, gelbes Blümchen. Man muss es allerdings genauer betrachten: Die Blattadern der fettig glänzenden Blätter sehen wie ein schön gezeichneter Baum aus. Die goldgelben Blüten haben auf jedem Blatt eine Honigschuppe, mit der sie Bienen und Fliegen anlocken. Sie sind nur bei Sonnenschein geöffnet.

SEHEN

LUPENGEHEIMNISSE

Viele kleine Wunder der Natur werden erst bei genauerem und vergrößertem Hinsehen sichtbar.

Alter: ab 5 Jahren
Material: Lupe oder Auflichtmikroskop, Scharbockskrautpflanzen

Die Kinder betrachten genau die Blüten und Blätter des Scharbockskrauts mit der Lupe bzw. unter dem Mikroskop.
So werden sie seine kleinen Besonderheiten wie Honigschuppe, Blattaderbaum oder Knöllchen entdecken.

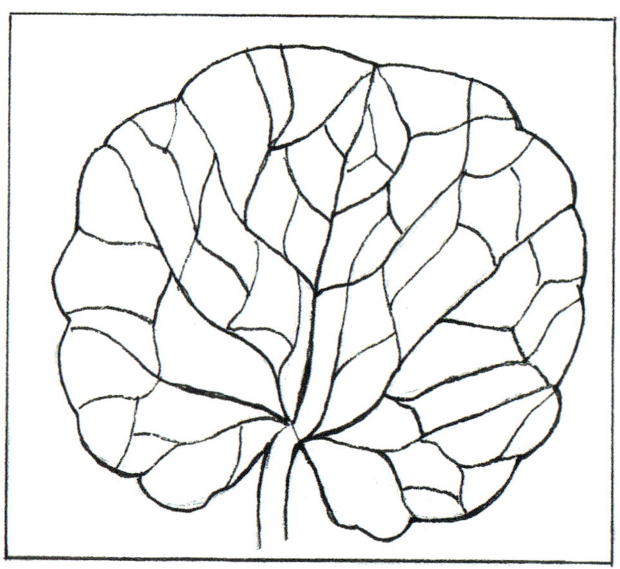

KUNST

BLATTFENSTER

Alter: ab 5 Jahren
Material: Transparentpapier in verschiedenen Farben, dunkelgrünes Tonpapier, Klebstoff, feine, spitze Schere

Die Kinder zeichnen ein stark vergrößertes Blatt mit schönem Adernetz auf ein grünes Tonpapier. Als Vorlage kann dazu ein Scharbockskrautblatt dienen.
Mit einer spitzen Schere werden die Adern ausgeschnitten und mit Transparentpapier unterlegt.
Das Blatt wirkt wunderschön an einem Fenster.

„Variante – Negativ"

Werden die Blattadern etwas dicker gelassen, kann auch das „Blattfleisch" ausgeschnitten werden. Nach Unterlegen mit Transparentpapier wirken diese Blätter dann noch heller, ähnlich wie Glasmosaikfenster.

KNÖLLCHENPFLANZE

Während der Blütezeit des Scharbockskrauts entwickelt sich in seinen Blattachseln – das ist der innere Bereich zwischen Blattstiel und Stängel – ein weißliches Knöllchen. Es wird auch Brutknospe genannt. Jedes dieser Knöllchen fällt nach der Reife auf den Boden, speichert Nahrungsstoffe in Form von Stärke und kann im nächsten Frühling zu einer neuen Pflanze auswachsen.

Brutknospe

EXPERIMENT – SEHEN

KNÖLLCHENAUSTREIBEN

Im zeitigen Frühjahr (Februar, Anfang März) liegen dort, wo letzten Frühling Scharbockskräuter geblüht haben, auf oder knapp unterhalb des Erdbodens kleine braune Knöllchen. Ausgereift sind sie von den Pflänzchen abgefallen. Diese Knöllchen sind keimbereit, denn sie haben den notwendigen „Kälteschock" (Winter) mitgemacht. Die diesjährigen Knöllchen hingegen sind für das folgende Experiment noch nicht brauchbar.

Alter: ab 5 Jahren
Material: Brutknöllchen des Scharbockskrauts vom Vorjahr, Vlies oder Watte, flache Plastikschale

Die Kinder sammeln abgefallene Brutknöllchen und legen sie in eine Schale mit feuchtem Vlies. Nun können sie gut das Austreiben und die Entwicklung des Scharbockskrauts beobachten. Schon in den ersten Tagen zeigt sich die Wurzel, dann die Keimblätter und schließlich nach einer guten Woche das erste Laubblatt.

WASSERVERBREITUNG

Die Brutknospen in den Blattachseln sehen Weizenkörnern ähnlich. Sie fallen vor allem bei Regen in großer Menge zu Boden, als hätte es „Weizen geregnet". Der Regen spült die kleinen körnerartigen Knöllchen dann noch zu Häufchen zusammen. Die Menschen haben früher diese Häufchen dann als „Himmelsgerste" bezeichnet und backten davon wundergläubig Brot.
Die Knöllchen des Scharbockskrauts können auch durch Wasser weiter transportiert werden. Sie schwimmen an der Wasseroberfläche. Bei Hochwasser können sie dadurch wieder ganz neue Orte besiedeln. In großer Menge wächst das Scharbockskraut daher auch in Mulden und entlang von Bächen.

Spiel

KNÖLLCHEN-WETTSCHWIMMEN

Alter: ab 5 Jahren
Material: eine Menge Scharbockskraut-knöllchen, Wasserstelle oder Sandbereich mit „Wasseranschluss", Gießkannen, „Matschkleidung"

Die Kinder teilen sich in kleine Gruppen auf und bauen im Sand ca. 1 – 2 m lange Flusslandschaften strahlenförmig zur Mitte hin.
Der Fantasie sind beim Bauen der Flusslandschaft keine Grenzen gesetzt: Inseln, tote Flussarme, Verzweigungen, Flussengen, unterirdische Teilstücke ...

Jede Gruppe erhält eine Portion Körner und die gleiche Menge an mit Wasser gefüllten Gießkannen.
Die Kinder legen die Körner an den Beginn eines Flussabschnittes, stellen sich mit den Gießkannen am Rand auf und lassen das Wasser laufen. Schaffen sie es ihre Körner zur Mitte zu transportieren oder sammeln sich die Körner anderswo?
Wem gelingt es, die meisten Knöllchen in die Zielmitte zu schwemmen.
Hinweis: Die Gruppen lassen das Wasser nacheinander laufen, sonst schwappt die Mitte über!

Variante

Es ist für Kinder auch spannend, wenn sie dem Uhrkreis folgend die Flussläufe anderer Gruppen verwenden. Welche Gruppe hat die meisten Hindernisse eingebaut?

Spiel

KÖRNCHEN-TRANSPORTSPIEL

Alter: ab 6 Jahren/ (Variante ab 4 Jahren)
Material: eine Hand voll Scharbockskraut-knöllchen oder andere Körner, Tisch, Stecknadeln für alle Mitspielenden

Die Knöllchen werden auf dem Tisch verstreut. Jedes Kind hat eine Stecknadel in der Hand. Wenn die Spielleitung „Los!" ruft, versuchen die Kinder möglichst viele Körnchen zu ihrem Platz zu befördern. Wem gelingt es in ca. 3 Minuten die meisten Körner bei sich „anzusiedeln"?

Variante

Jüngere Kinder verwenden statt der Stecknadeln Löffel oder Finger als Transportmittel!

BEWEGUNGSSPIEL

HOCHWASSERSPIEL

Hochwasser – für uns Menschen bedrohlich, für manche Pflanzen förderlich!

Alter: ab 4 Jahren
Ort: großer Raum mit Stühlen, Tischen, Bänken ... am besten ein Turnraum

In einem großen Raum werden viele Tische, Bänke, Stühle und Ähnliches im Kreisparcours unregelmäßig voneinander entfernt aufgestellt. Die Kinder stehen beliebig im Raum verteilt.
Ruft die Spielleitung „Hochwasser", müssen die Kinder sich an einen Ort retten, der über dem Fußboden liegt, z. B. auf eine Bank klettern oder einen Tisch erklimmen. Sie laufen bzw. springen, solange Hochwasser herrscht, auf dem „erhöhten" Parcours weiter. Wer dabei den Boden berührt, bleibt für den Rest des Spiels an dieser Stelle „angewurzelt" stehen.
Wenn die Spielleitung laut „Stopp!" ruft, springen alle von den Hindernissen und das dem angewurzelten Kind nächstliegende Hindernis wird entfernt.
Bei „Hochwasser" geht es wieder weiter.
Gespielt wird so lange, bis zwangsläufig immer mehr Kinder „stoppen" müssen. – Mit jeder Runde wird das Häufchen „Himmelsgerste" aus angewurzelten Kindern immer größer.

MIT SCHARBOCK GEGEN SKORBUT

Früher wurde die Vitamin C-Mangelkrankheit Skorbut als Scharbock bezeichnet. Vitamin C ist vor allem in Zitrusfrüchten enthalten, aber auch in den Blättern des Scharbockskrauts. Es wurde daher früher zur Bekämpfung von Skorbut verwendet. Besonders Seeleute, die monatelang ohne Frischnahrung an Bord lebten, waren bald matt, bekamen Zahnfleischbluten und schwache Muskeln, weil sie zu wenig Vitamin C zu sich genommen hatten. Auch gegen Warzen hat man das Scharbockskraut verwendet und ihm auch den Namen „Warzenkraut" gegeben.

FANTASIESPIEL

WARZENSCHLEIM

Hier können Kinder Kräuterhexe spielen.

Alter: ab 5 Jahren
Material: Scharbockskrautblätter, Mörser oder Schüssel & Stein, Glasfläschchen

Die Kinder pflücken Blätter des Scharbockskrautes und zerreiben sie fein zwischen Steinen oder mithilfe eines Mörsers.
Das Ergebnis ist eine grüne, schleimige Substanz, die sie in Glasfläschchen füllen. Helfen soll diese Mixtur gegen Warzen.

WUNDERMEDIZIN

Im 17. Jahrhundert soll das Scharbockskraut als wichtiger Bestandteil einer Wundermedizin in London gegen eine Epidemie geholfen haben.

Das Rezept dazu lautete:
1/2 Hand voll Scharbockskraut, pulverisiertes Elfenbein und 6 EL Drachenwasser

Alle Zutaten gut miteinander mischen.
Vielleicht finden die Kinder einen brauchbaren Ersatz für letztere beiden Zutaten!

Katherlieschen, Jan und das Scharbockskraut

(Evamarie Taferner)

Jan, wie ihn alle riefen, wohnte in einem alten Fischerhaus am Meer. Er hatte blaue Augen und einen blonden Haarschopf. Das Hübscheste an ihm aber waren seine weißen Zähne. Sie blitzten auf, wenn er lachte. Und er lachte oft, besonders wenn er mit dem Mädchen aus dem Nachbarhaus beisammen war.

Jans erster Blick am Morgen galt nicht dem Wetter, sondern dem roten Lockenkopf Katherlieschens, der bis zu ihm herüber leuchtete. Sie hatte außerdem eine kleine Stupsnase und Sommersprossen. Ihre Augen funkelten grün wie die einer Katze. Wenn man das Mädchen ärgerte, konnte es auch so fauchen wie diese.

Gern saßen die Kinder bei Jans Großvater auf der Bank neben dem Haus. Er hatte als Matrose die Welt umfahren und wusste viel aufregendere Geschichten zu erzählen als der Vater des Jungen, der lieber Fischer geworden war.

So wollte der abenteuerlustige Jan auch zur See gehen. Da kam er aber schlecht bei Katherlieschen an!

„Glaube ja nicht, dass ich dich dann heirate! Soll es mir so ergehen wie deiner Großmutter, traurig und allein daheim zu sitzen? Wenn du dann endlich nach Hause kommst, hast du einen so hässlichen zahnlosen Mund wie dein Großvater! Pfui, wie soll ich dich da küssen? Brr, jeden Tag nur Suppe kochen, weil du nichts mehr beißen kannst? Da nehme ich lieber Hein oder Jens!“

Dabei fauchte sie wie eine Katze und ihre Augen funkelten gefährlich.

Von da an bemühte sie sich, in des Großvaters geöffnetem Mund wenigstens einen Zahn zu erblicken. Doch vergeblich. Als sie ihn nach dem Grund fragte, sagte er: „Weißt du, Katherlieschen, Seeleute sind oft wochenlang auf dem Meer unterwegs. Die frische Nahrung verdirbt in der Hitze. So gibt es nur getrockneten oder eingesalzenen Fisch und altes Brot. Das Zahnfleisch entzündet sich und man verliert unter Schmerzen einen Zahn nach dem anderen. Aber dafür kommt ein Seemann mit großen Schätzen und vielleicht einem Batzen Geld heim.“

„So“, sagte das Mädchen trocken, „wo sind denn deine Schätze und dein Geld, Großvater?“

Verlegen lächelte er zahnlos. „Ei, was du nicht alles wissen willst! Wo werden die wohl geblieben sein? In manchen Hafenstädten gewiss, ja, im neuen Fischerboot von Jans Vater und in meinem Tabak, den ich rauche!“

„Ha“, fauchte Katherlieschen, „und dafür hast du deine Zähne geopfert? Nein, Jan, wenn du Matrose wirst, heirate ich dich sicher nicht!“ Sie sprang auf und lief davon.

Traurig schlich Jan ins Haus, denn er wollte beides, Katherlieschen einmal heiraten und fremde Welten sehen.

Als das Mädchen eines Tages von einer weisen Frau reden hörte, die mit Hilfe von Kräutern alle Krankheiten heilen könnte, wanderte sie mit Jan auf einem langen Weg zu ihr.

Die Frau lachte hellauf, als sie die Nöte hörte und ging mit ihnen zu einer Wiese in der Nähe ihres Hauses.

„Ihr seid gerade richtig gekommen, gestern kehrten die Schwalben zurück, da fängt das Scharbockskraut, das dir helfen soll, zu blühen an."

Auf einer feuchten Wiese lag ein grüner Blätterteppich vor ihnen. Gelb glänzende Blütensterne leuchteten dazwischen auf.

„Man nennt es auch Schwalbenkraut oder Butterblume, weil es so glänzt in der Sonne. Aber wenn sich nur eine Wolke vor die Sonne schiebt, schließen sich die Blütenblätter, um sich zu schützen." Sie pflückte ein Kraut und sagte: „Hier, präge es dir ein, damit du es überall findest, denn das musst du auf der Fahrt über die Meere essen. Du wirst es leicht an den Knöllchen erkennen, mit denen es sich vermehrt. Wenn du zurückgekehrt bist, wird sich dein Mädchen an deinen blitzenden Zähnen wieder erfreuen können!"

Dankbar kehrten die beiden zurück in ihr Heimatdorf. Jan stach in See und Katherlieschen wartete treu auf ihn.

Als er eines Tages braun gebrannt vor ihrer Tür stand, blitzen ihr nicht nur seine Augen, sondern auch seine weißen Zähne entgegen.

So stand ihrer Hochzeit nichts mehr im Wege.

LECKERES BLÄTTERMEER

Die Blätter des Scharbockskrauts sind nicht nur gesund, sondern auch wirklich essbar. Sie müssen aber vor der Blüte geerntet werden, weil sich zur Blütezeit ein nicht ungefährlicher Giftstoff bildet. Außerdem schmecken die ganz jungen Blätter am besten. Sie können roh in einer Salatmischung oder auf einem Butterbrot genossen werden.

SCHMECKEN

GRÜNE KÜCHE

KAPERN

Die Kapern schmecken auf grünen Blattsalaten, in Kräutersoßen oder Aufstrichen.

Zutaten: Blütenknospen des Scharbockkrauts, Essig, Salz, etwas Olivenöl

Blütenknospen pflücken und kurz in Salzwasser kochen. Das Wasser abgießen, die Knospen mit Essig übergießen und in ein Glas füllen. Die Kapern vor dem Verschließen des Glases mit einer dünnen Ölschicht bedecken, um Schimmelbildung zu verhindern.

GRÜNER MARMORKUCHEN

Zutaten: 250 g Mehl, 1 P. Backpulver, 125 g Zucker, 1/8 l Milch, 2 Eier, 100 g junge Scharbockskrautblätter, etwas Mehl und Zucker

Das Mehl mit Backpulver vermischen. Die Eier mit Zucker schaumig rühren. Zuerst Milch, dann die Mehl-Backpulvermischung zu der Eier-Zucker-Mischung rühren.

Den Teig in 2 Hälften teilen.

Der einen Hälfte gedünstete und klein gehackte Scharbockskrautblätter untermischen, die vorher mit je 1 EL Mehl und Zucker verrührt wurden.

Den grünen und den weißen Teig abwechselnd in eine mit Butter ausgestrichene Gugelhupfform füllen.

Bei 180 °C ca. 1 Stunde im Ofen (mittlere Schiene) backen.

TIPPS UND TRICKS FÜR DEN EIGENEN GARTEN

- Das Scharbockskraut wächst besonders gerne auf feuchter Erde, unter großen Bäumen, aber auch in Blumenbeeten. Im dichten Rasen und auf Rindenmulch kann es sich nicht durchsetzen.
- Das Scharbockskraut ist ein weit verbreitetes – wenn man so will – „Unkraut" im Garten.
  Hat das Scharbockskraut einmal Fuß gefasst, ist es fast unausrottbar. Mit jedem Frühling werden wieder neue Knöllchen gebildet, die dann im darauf folgenden Frühling den Blätterteppich wieder ein Stück vergrößern. Selbst eine dicke Laubschicht ist für Scharbockskräuter kein Hindernis: Sie treiben so lange blasse Stiele (ähnlich wie Kartoffeln), bis der Weg zum Licht frei ist.
  Die Blätterteppiche mit ihren gelben Blütensternchen sehen aber sehr hübsch aus und können nur sehr zarte Frühlingspflänzchen verdrängen. Den Tulpen oder Narzissen können sie sicher nichts anhaben und später, im Mai, sind die Teppiche ohnehin verschwunden.
- Besonders gut breitet sich das Scharbockskraut über den Kompost aus. Störende Scharbockskräuter werden oft aus den Blumenbeeten ausgerissen und auf den Kompost geworfen. Dort landen aber auch seine Knöllchen, die einige Jahre unversehrt bleiben. Wird dann in einiger Zeit der aufbereitete Kompost wieder aufs Beet gegeben, können die Knöllchen frisch und munter austreiben und die letzten freien Plätzchen überziehen.
- Ende Mai ist vom Scharbockskraut nicht mehr viel zu sehen. Der Blätterteppich ist braun und vertrocknet und nur mehr mit gutem Auge sichtbar.

GÄRTNEREI – FANTASIESPIEL

HEXENGARTEN

Passend zum Fantasiespiel „Warzenschleim" gestalten die Kinder hier ihren eigenen Hexengarten und spielen darin Kräuterhexe.

Alter: ab 5 Jahren
Material: Blumenschale, Blumenerde, keimbereite Feigwurzknöllchen (vom Vorjahr), Wurzeln, evtl. selbsthärtender Ton

Eine Blumenschale wird mit Blumenerde gefüllt, reife Scharbockskrautknöllchen eingelegt und mit wenig Erde bedeckt. Nun jeden Tag gießen und warten, bis die ersten Blattspitzen heraussprießen.
In einer Ecke der Schale könnte ein Miniatur-Hexenhäuschen stehen, aus einer hohlen Wurzel oder selbst gemacht aus Ton.
Eine Hexe aus einer krummen Wurzel oder auch aus Ton, ein Reibstein für Warzenschleim und ein Hexenkessel samt Zutaten (kleine Beeren, Pilze, Flechten) vervollständigen den Hexengarten.

SUMPFDOTTERBLUME – DIE GUMMISTIEFELPFLANZE

Schlamm ist das Paradies für Sumpfdotterblumen. Dort stecken sie am liebsten ihre Füße hinein und werden so richtig „fett". Für Kinder gibt es auch nichts Schöneres als mit Schlamm, Erde und Wasser zu pantschen, und das sollen sie in diesem Kapitel auch dürfen.
Mit Gummistiefeln sind diese wunderschönen Frühlingsboten immer leicht erreichbar. Mit ihrer dottergelben Knallfarbe sind sie der Inbegriff der Frühlings-, Oster- und Eierzeit!

Steckbrief

Blüte:
becherförmig, leuchtend dottergelb, viele Staubblätter

Blatt:
herzförmig, glänzend, fleischig

Stängel:
hohl, dick

Was ist noch besonders?
- sieht auf trockeneren Standorten ganz anders aus (kleiner, nicht so fleischig)
- ganze Pflanze leicht giftig

Wo zu finden?
- wild in Sumpfwiesen, Gräben, Bachufern, Schwarzerlenwäldern, bis ins Gebirge hinauf
- gesetzt in Feuchtbiotopen

Wann zu finden?
Mitte März bis Ende April

DOTTERMAHLZEIT

Die Blüte der Sumpfdotterblume hat die Farbe des Eidotters und enthält sehr viel Pollen und Nektar. Die Insekten finden den Weg dorthin nicht nur durch die kräftig gelbe Färbung:
In der Blüte befinden sich so genannte „Saftmale", das sind besondere Blütenmuster und Farbflecke, die Menschen nicht erkennen können. Die Insekten aber, die auch das UV-Licht sehen, finden dadurch zum Nektar.

Fühlen – Spiel

GELBE NASE

Alter: ab 3 Jahren

Tippen die Kinder mit der Finger- oder Nasenspitze in die Blüte, wird sie vom Blütenstaub ganz gelb werden.

GELBER PETER

Wie wäre es die gelbe Nase in ein „Gelber Peter"-Spiel einzubauen?

Material: 25 Blanko-Spielkarten (aus Tonkarton), 12 Frühlingsblütenpaare + 1 Sumpfdotterblume aus der Blumenpresse, durchsichtige Klebefolie

Besonders passend dazu ist ein gemeinsam gestaltetes „Gelber-Peter"-Kartenspiel aus 12 Frühlingsblütenpaaren und der Sumpfdotterblume als „Gelber-Peter-Karte".

Jeweils eine gepresste Blüte auf eine Karte legen und mit einem Stück durchsichtiger Klebefolie überziehen. – Fertig ist das Kartenspiel!

Die Karten reihum verdeckt an die Kinder verteilen. Nacheinander ziehen die Kinder im Uhrzeigersinn beim Nachbarkind eine Karte. Wer ein Kartenpaar hat, legt es vor sich ab. Das Kind, das am Ende noch die Sumpfdotterblume auf der Hand hat, ist der „Gelbe Peter" und bekommt einen gelben Punkt auf die Nase!

Spiel

GEHEIMBOTSCHAFT

Bei diesem Spiel ist es nicht eine geheime UV-Spur, die zum Nektar führt, sondern eine geheimnisvolle Wachsspur, die Botschaften verschlüsselt ...

Alter: ab 4 Jahren
Material: weiße Kerzenreste, Wasserfarben, Papier

Die Kinder malen bzw. schreiben sich gegenseitig Geheimbotschaften. Sie tun dies mit weißem Wachs auf weißem Papier ...

Sie entschlüsseln diese geheimnisvollen Wachsspuren, indem sie das Papier mit dunkler Wasserfarbe bepinseln. – Wie durch Zauberhand wird die Botschaft sichtbar!

Hören – Spiel

„WAS KLOPFT IM EI?"

Alter: ab 4 Jahren
Material: 16 gleiche, verschließbare Döschen (Überraschungsei-Hüllen oder Filmdosen)

Die Spielleitung füllt jeweils 2 Döschen mit gleichem Inhalt: z. B. Sand, Erde, Sägemehl, Kieselsteine, Eierschalen, Palmkätzchen, Haselnusswürstchen …

Dann werden die 16 gefüllten Hüllen auf einem Tisch 4 x 4 aufgestellt.
Nun wird wie bei einem Memory gespielt, nur dass keine Kärtchen umgedreht und angesehen, sondern die Döschen geschüttelt werden.
Glaubt ein Kind das richtige Pärchen gefunden zu haben, wird der Inhalt kontrolliert.

Hinweis: Bei älteren Kindern werden mehr Döschenpaare gefüllt.

DIE DOTTERBLUME (Evamarie Taferner)

Einst lag ein kleiner Osterhas
so stillvergnügt im grünen Gras.

Da sprach der Vater: „Hör mich an,
du bist doch jetzt schon fast ein Mann,
lauf mal hinüber zu Frau Meier
und hole einen Korb voll Eier.
Nur pass gut auf, du kleiner Wicht,
zerbrich mir ja die Eier nicht!
Du weißt, sie sind vor Ostern teuer,
der Preis ist hoch, gerade heuer!
So lauf und springe nicht am Weg,
schlag keinen Haken, nimm den Steg.
Sag: ‚Guten Morgen, Henne Meier,
wir bitten Sie um frische Eier!'
Mach einen art'gen Kratzefuß,
von mir sag einen schönen Gruß.
Bezahlen will ich später dann,
wenn erst die Arbeit ist getan!"

Dem Hasen ist ein wenig bang,
als er so zieht den Weg entlang.
Da sieht er auf der Frühlingswiese,
voll Übermut die freche Liese.
Doch er gedenkt des Vaters Rat
und bleibt gehorsam auf dem Pfad.

Die Henne Meier freut sich sehr,
sie füllt den Korb, wie ist er schwer!
Der Hoppelhans muss sich tief bücken,
wie drückt der Korb auf seinem Rücken!

Da springt die Liese vor ihm her,
sie lacht ihn aus und neckt ihn sehr.
Sie ruft: „Nie kannst du mich jetzt fangen,
du kommst ja wie ein Ochs gegangen!"

Da war's um unsern Hans geschehen,
wer hatt' ihn je so schnell gesehen?
Vergessen sind die bunten Eier
und auch die schöne Osterfeier,
er läuft und springt der Liese nach,
mit seinem Korb, quer über'n Bach!

Die Liese hat er eingefangen,
doch schaut er in den Korb mit Bangen.
Was sieht er voller Angst und Qualen?
Ach, nur zerbrochne Eierschalen!
Hell leuchtend gelb am Bachesrand,
er auch den Dotter dazu fand.

Sein Hasenherz ist voller Weh!
Da hilft ihm eine gute Fee.
Sie zaubert aus dem Eigelb Blumen,
die fleiß'ge Bienen schon umsummen.
Die Eier macht sie wieder ganz,
wie glücklich ist da unser Hans!

Kein Ei mehr hat er nun verloren
und Vater streichelt seine Ohren.
Er malt die Eier rot, blau, grün,
indes die Dotterblumen blühn!

FANTASIE – KUNST

VOM EIDOTTER ZUM SUMPFDOTTER

Alter: ab 6 Jahren

Die Kinder erfinden gemeinsam oder in Gruppen eine Geschichte mit dem Titel:
Wie der Eidotter zum Sumpfdotter wurde …

Variante
Die Metamorphose kann auch bildnerisch dargestellt werden.

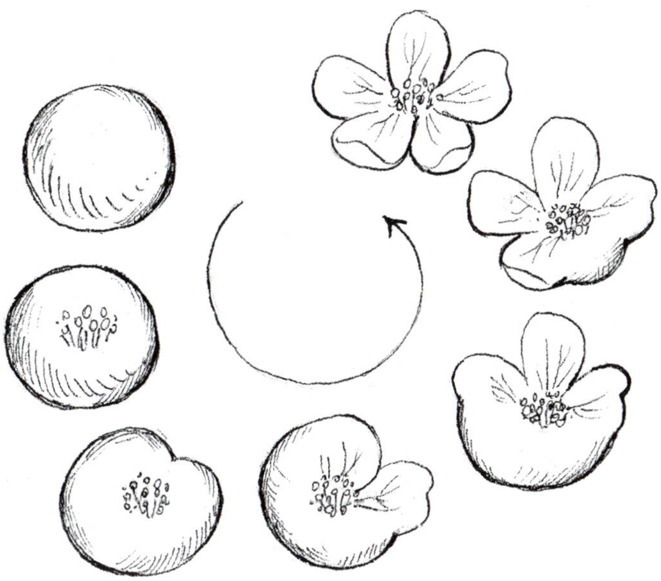

SCHLAMMFREUND

Sumpfdotterblumen lieben feuchte Plätze. Im Schlamm am Rande von Bachufern oder kleinen Rinnsalen werden sie richtig „fett“: Ihre Blätter schimmern so fettig, als ob sie mit Butter eingerieben worden wären, die Stängel sind dann sehr fleischig und die Blüten riesengroß und knallgelb. Darum werden Sumpfdotterblumen auch Fett-, Schmalz- oder Butterblumen genannt.
Manchmal gibt es aber auch kleine Kümmerlinge auf trockeneren Standorten. Sie werden dort aber nicht lange bleiben.

FANTASIESPIEL – FÜHLEN

SCHOKOLADEKÜCHE MIT SCHLAMM

In diesem Aktionsspiel dürfen die Kinder nach Herzenslust „Schlamm pantschen“.

Alter: ab 3 Jahren
Material: Erde, Wasser, Eimer, Formen, entsprechende Kleidung

Aus Erde, Sand und Wasser lassen sich je nach Anteil „leckere Schokoladespeisen“ zubereiten: Schokoklöße mit Blütenfülle, Schokoladensoße, Schokokuchen, Schokokugeleis …

VOM EISUMPF

Text u. Melodie: L. u. J. Geißelbrecht

Wenn dem Sumpfdotter der Sumpf fehlt,
und dem Eidotter der Dotter fehlt,
dann ist das ein Dotterei – Ei ei jei jei jei!

Wenn dem Eisumpf das Ei fehlt,
und dem Dotterei der Dotter fehlt,
dann ist das ein Sumpfei – Ei ei jei jei jei!

TIPPS UND TRICKS FÜR DEN EIGENEN GARTEN

- Sumpfdotterblumen ist es in Blumenbeeten zu trocken.
  In Feuchtbiotopen oder entlang eines Wasserlaufes gedeihen sie prächtig.
- Ganze Pflanzen gibt es in Gärtnereien.
- Sumpfdotterblumen sind leicht giftig.

GÄRTNEREI

EISUMPFPARADIES

Alter: ab 4 Jahren
Material: durchsichtige Plastikwanne, Erde, Sumpfdotterblumenpflanzen, alles, was sich an kleinen Accessoires im Kinderzimmer finden lässt (Überraschungsei-Hüllen, die kleinen Figuren daraus, sonstiges Kleinzeug)

Wanne mit Erde füllen und Sumpfdotterblumen einsetzen. Gut gießen, die Erde sollte sehr feucht-schlammig sein!

Zwischen den Pflanzen dürfen die Kinder im Schlamm „wühlen" und ihre Fantasie ausleben: Wasser gefüllte Schlammlöcher (aus in die Erde versenkten Überraschungsei-Hüllenhälften), verschlammte Wege anlegen, auf denen Schlammzwerge, Frösche, Saurier oder schlammige Fantasietiere spazieren (z. B. Inhalt aus den Überraschungseiern), kleine Schlammhöhlen bauen ...
Auch andere Pflanzen eignen sich für die Gestaltung der Schlammlandschaft z. B. Schachtelhalme, Strauchflechten, Pfennigkraut, Scharbockskraut.

SCHLÜSSELBLUME – DUFTENDER KUGELSTRAUSS

Welch ein Glücksgefühl, mit einem kugeligen Strauß Schlüsselblumen nach Hause zu kommen! Es ist, als würde der Frühling eingefangen und im Zimmer wieder ausgelassen werden. Die hellgelben, duftenden Blüten und die runzeligen und doch samthaarigen Blätter vereinigen Riechen, Spüren und Sehen zu einem Genuss. Da ist es kein Wunder, dass die Schlüsselblume auch in der Feenwelt Glück und Reichtum aufschließt und so Verbindung zu den Menschen herstellt. Schnell ist so ein Strauß auch gepflückt, jede Schlüsselblume trägt ja gleich einen ganzen Bund voller Blüten.

Steckbrief

Blüte:
schlüsselbundähnliche Dolde, hellgelb

Blatt:
runzelig, da die Blattadern unterseits vorstehen

Stängel:
dick, steif, behaart

Was ist noch besonders?
- duftet
- Blüte (sehr süß) und Blätter essbar
- Schüttelstreuer: Windverbreitung der Samen

Wo zu finden?
frische Wiesen und lichte Wälder

Wann zu finden?
Mitte März bis Anfang Mai

Spiel – Hören

WO IST DER SCHLÜSSELBUND?

Alter: ab 4 Jahren
Material: Schlüsselbund, Augenbinden

Ein Kind hat den Schlüsselbund, alle anderen haben die Augen verbunden.
Alle 10 Sekunden lässt das Schlüsselkind den Schlüsselbund an einer anderen Stelle klappern und legt ihn dann dort ab. Beim Wegnehmen und beim Hinlegen muss jeweils geklappert werden.
Das blinde Kind, das den Schlüsselbund findet, wird nächstes Schlüsselkind.

Hinweis: Bei größeren Gruppen werden mehrere Schlüsselbunde und -kinder eingesetzt.

Fingerspiel – Basteln

SCHLÜSSELBLUMENBUND

Alter: ab 3 Jahren
Material: Fingerpuppen oder gelbe und grüne Farbe

Die Kinder basteln Fingerpuppen oder bemalen ihre Finger direkt als Schlüsselblume. Nacheinander lassen sie die Blüten, den Strophen entsprechend, erscheinen.

1. Der dicke hat's zuerst vernommen.
   Seht nur, die Sonnenstrahlen kommen!

2. Der hat den zweiten aufgeweckt,
   worauf er auch den Kopf rausstreckt.

3. Der dritte sagt: „Lasst mich in Ruh!"
   Doch dann gesellt er sich dazu.

4. Die drei, die rufen „He, wach auf!"
   Da kommt der vierte mit Geschnauf.

5. Der fünfte schläft noch eine Stund´
   und fertig ist der Schlüsselbund!

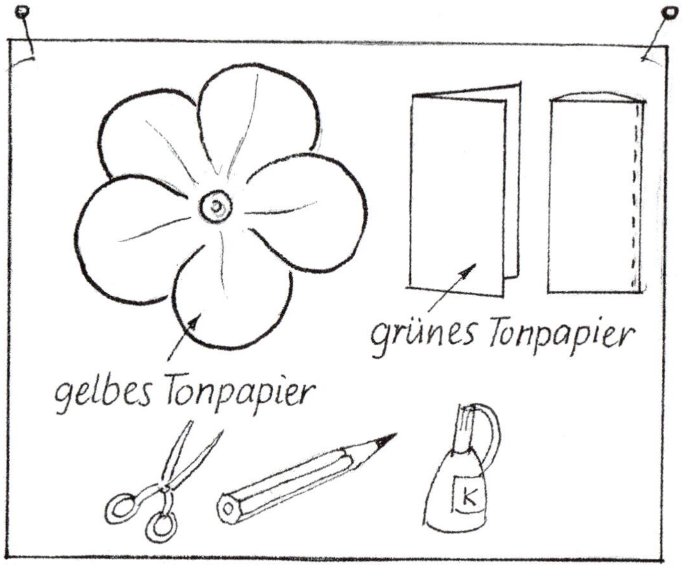

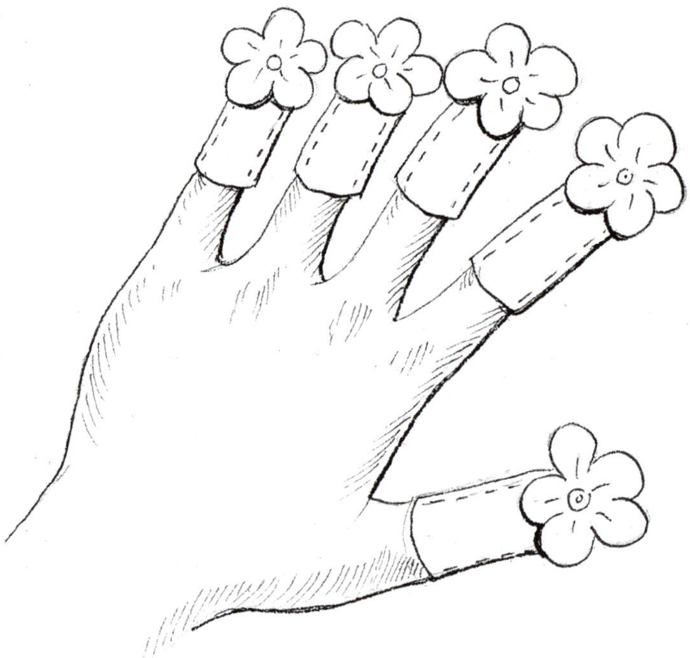

FINGERPUPPEN

Alter: ab 4 Jahren
Material: gelbes und grünes Tonpapier, Schere, Klebstoff

Laut Vorlage die Blüten aus gelbem, die Stiele aus grünem Tonpapier zuschneiden.
Die Stiele entsprechend der Fingerdicke zu Röllchen formen und kleben.
Die Blüten auf die Stielenden kleben.

Spiel – Sehen

SCHLÜSSEL & SCHLOSS

Alter: ab 5 Jahren
Material: Schere, Kopien der Schlösser und Schlüssel auf dünnem Karton

Die Vorlage (s. Abb.) evtl. vergrößert mehrmals auf dünnen Karton übertragen (kopieren).
Die Kinder schneiden aus dem Karton die verschiedenen Schlösser und die dazu passenden Schlüssel aus.
Die Kinder sitzen in einer Runde um einen Tisch, auf dem alle Schlösser vermischt ausgelegt sind. Die Spielleitung zeigt nacheinander einen Schlüssel. Dasjenige Kind, das zuerst auf das richtige Schloss zeigt, bekommt Schloss und Schlüssel.
Wer hat am Ende den dicksten Schlüsselbund?

Variante (für jüngere Kinder geeignet)

Die Kinder sitzen in einer Runde mit einem Schloss in der Hand. Die Spielleitung hat wieder alle Schlüssel und zeigt jeweils einen her.
Das Kind mit dem dazu passenden Schloss muss „Das ist meins!" rufen.
Wenn jedes Kind seinen Schlüssel hat, ist das Spiel zu Ende.

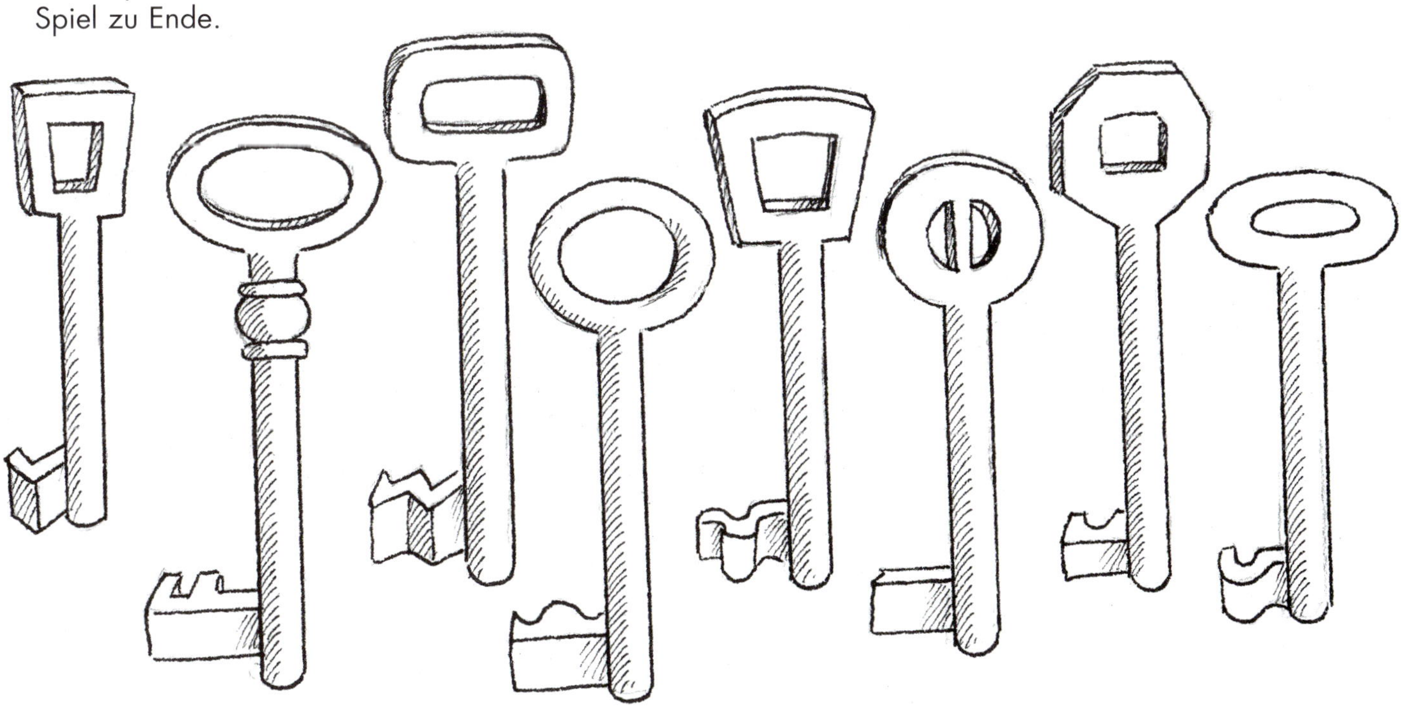

Wie die Schlüsselblume zu ihrem Namen kam

(Volksgut)

Der Winter hielt die Erde lange verschlossen, so dass auch kein einziges Blümchen herauskommen konnte.
Endlich erschien der Frühling mit seinem goldenen Schlüssel. Er eilte von Wiese zu Wiese, von Wald zu Wald und erschloss die Erde und alle Gewässer. Aber auf seinen lustigen Streifzügen verlor er den goldenen Schlüssel. Das merkte der grimmige Winter und kam zurück mit seinem Schlüssel aus Eis, schloss alle Gewässer wieder zu und blies seinen kalten Atem über die Erde.
Da erschraken die Blümchen, die sich schon herausgewagt hatten, auch die zarten Schneeglöckchen und Veilchen, die Leberblümchen und Aurikeln! Und der arme Frühling selbst zitterte vor Kälte und rieb sich die roten Fingerspitzen.
Als er nun überall nach dem verlorenen Schlüssel suchte, begegnete er einem Blümchen, das stand hinter einem Schlehenstrauch und schaute trotz Frost und Wind ganz munter aus den klaren, gelben Äuglein.
„Komm mit und hilf mir suchen!“, sprach der Frühling, „du hast so helle Augen.“ Und das Blümchen ging mit und lugte in alle Winkel und Ecken. Endlich sah es den goldenen Schlüssel aus dem dürren Laub schimmern.
Da war der Frühling sehr froh und fragte das Blümchen mit den gelben Augen: „Hast du auch schon einen Namen?“ Es schüttelte verneinend mit den Blüten und schwieg.
Da sprach der Frühling: „So sollst du zum Dank Schlüsselblume heißen!“

LANGGRIFFEL UND KURZGRIFFEL

Schlüsselblumen haben 2 Sorten von Blüten. Bei der einen Sorte ist in der Mitte ein grünes Pünktchen sichtbar, bei der anderen im Kreis angeordnete, orangefarbene Stäbchen.
Die Blüten mit den grünen Pünktchen werden Langgriffelblüten genannt, da ihr Griffel lang, die Staubblätter jedoch kurz sind. Das sichtbare grüne Pünktchen ist der Stempel am oberen Ende des Griffels.
Die anderen sind die Kurzgriffelblüten mit sehr kurzem Griffel, der von den Staubfäden überragt wird. Letztere sind auch die sichtbaren orangefarbenen Stäbchen.
Die Natur sorgt dadurch dafür, dass sich nur Blüten gegensätzlicher Sorte bestäuben können: Bei den Hummeln häuft sich der Blütenstaub auf verschiedener Höhe auf dem Rüssel an, je nach Blütensorte. Er befindet sich daher an der bestmöglichen Stelle, um die andere Sorte zu befruchten, wenn das Insekt weiterzieht. Nur Fremdbestäubung gibt gute Frucht.

Sehen – Spiel

DEN BLÜTENSORTEN AUF DER SPUR

Kleine Besonderheiten der Natur werden unter die Lupe genommen.

Alter: ab 5 Jahren
Material: Schlüsselblumenwiese, eventuell Lupe

SPURENSUCHE

Die Kinder suchen sich jeweils eine Schlüsselblumenblüte mit grünen Pünktchen und orangefarbenen Stäbchen. Auf einer Pflanze gibt es immer nur eine Blütensorte. Wenn sie dann die Blüte in der Mitte auseinander ziehen, können sie das unterschiedliche „Innenleben" – am besten unter der Lupe – genau betrachten.

BLÜTENSORTENSPIEL

Material: Bänder (orange und grün), Musik

Die Kinder bilden 2 Gruppen, die jeweils orangefarbene bzw. grüne Bänder bekommen und zur Musik im Raum laufen.
Stoppt die Musik, haben die Kinder immer wieder wechselnde Aufgaben zu erfüllen:

- jeweils ein grünes und ein orangefarbenes Kind müssen sich finden
- 3 Kinder einer Farbe müssen sich als Schlüsselblume zusammenfinden
- die grünen machen sich ganz klein und die orangefarbenen ganz groß (Kurzgriffelblüte) und umgekehrt (Langgriffelblüte)
- alle grünen und alle orangefarbenen Kinder bilden je einen Kreis ...

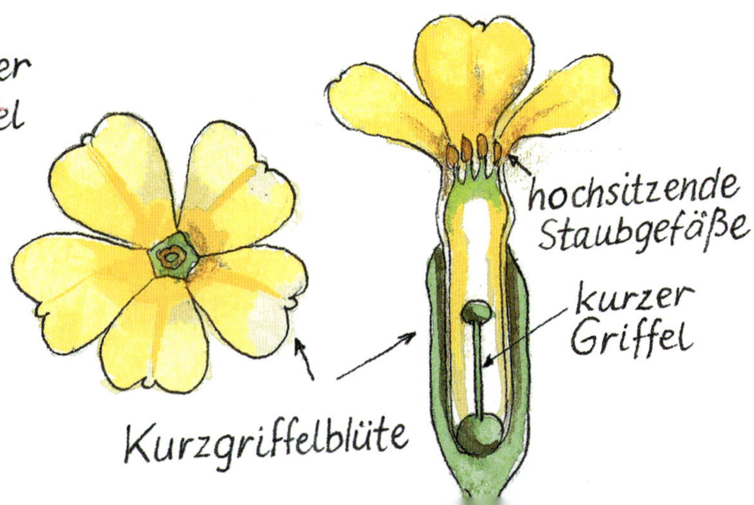

Warum die Schlüsselblume keine Schätze mehr erschließt

(Volksgut)

Als es auf der Welt noch Feen gab, besaß die Schlüsselblume Zauberkraft.
Wer sie im richtigen Augenblick pflückte, dem brachte sie Glück.
Einst trieb ein Schäfer zu Frühlingsanfang seine Schafe auf die Weide und als die Herde zu grasen begann, erblickte er nahe bei einem Felsen ein Büschel blühender Schlüsselblumen.
Er pflückte die größte und schönste und steckte sie an seinen Hut.
Nach einer Weile wurde der Hut merkwürdig schwer. Der Schäfer setzt ihn ab und blieb wie angewurzelt stehen. Statt der Blüte trug er einen Schlüssel aus purem Gold hinter dem Hutrand.
Als er den Schlüssel in die Hand nahm, erschien im selben Augenblick, wie vom Wind hergeweht, eine wunderschöne Fee.
„Fürchte dich nicht“, sagte sie. „Der Schlüssel wird dir Glück bringen. Lege ihn hier auf den Felsen. Der Stein wird sich auftun und du wirst alle Schätze der Erde erblicken.
Nimm davon, soviel du willst, doch gib Acht, dass du das Beste nicht vergisst!“
Der Schäfer wusste nicht, ob er träumte oder wachte. Er trat zu dem Felsen, legte den Schlüssel darauf und eine unterirdische Grotte öffnete sich, strahlend und glitzernd von Gold, Silber und Edelsteinen, dass ihm die Augen übergingen.
Schnell breitete er seinen Mantel aus und packte von den Reichtümern darauf, soviel er tragen konnte. Dann warf er sich das Bündel über die Schulter und verließ die Grotte. Aber das Wichtigste, nämlich den goldenen Schlüssel, ließ er zurück.
Seither erschließt die Schlüsselblume die Schätze der Erde nicht mehr.
Und auch die Feen, die sich den Menschen zeigten, wurden nicht mehr gesehen.

Basteln

FEENWIESE

Vor allem kleine Mädchen lieben die Feenwelt und in dieser Aktion dürfen sie sich so richtig in ihre Welt hineinleben und fantasieren.

Alter: ab 5 Jahren
Material: Schlüsselblumen, Moose, Farne, Glitzersteinchen oder -perlen, etwas Tüll oder seidiger Stoff, Vogelflaumfedern, Buntstifte oder Wasserfarben, Glitzerstifte, Tonpapier, Pflanzenpresse (dicke Bücher und Zeitungspapier)

Die Kinder pressen Schlüsselblumen und sonstige, leicht pressbare Pflanzen (nicht geeignet sind fleischige Zwiebelpflanzen) in einer Pflanzenpresse oder in Zeitungspapier unter einem Stoß dicker Bücher.
Die gepressten Pflanzen kleben sie zu einer Feenwiese auf ein Tonpapier. Aus den Schlüsselblumenblüten schweben kleine Feen, die die Kinder malen und/oder basteln: mit Feenflügeln aus Vogelflaum, mit Tüllkleidchen, Glitzerlöckchen und in der Hand mit goldenen Schlüsseln oder Glitzersteinchen …

DIE FEE IN DER SCHLÜSSELBLUME

Schon in Urzeiten haben Schlüsselblumen eine Verbindung zwischen den Menschen und dem Reich der Feen und Elfen hergestellt. Nach einem alten Volksglauben wohnen die Märchenwesen in den Blüten der Schlüsselblumen und suchen dort Schutz vor Regenschauern. Sie besitzen goldene Schlüssel, die unterirdische Grotten voller Schätze aus Gold, Silber und Edelsteinen öffnen. So schließen sie gleichsam den Weg zu Glück und Reichtum auf.

GUT UND GESUND

Schlüsselblumenblüten schmecken leicht honigartig.
Früher wurden sie getrocknet und als Gewürz für Gebäck, Milchsuppen und Salate verwendet. Sie haben nämlich einen hohen Zuckergehalt. Ein Absud der Blüten wurde zu Primelwein vergoren.
Schlüsselblumentee zusammen mit Baldrian oder Hopfen ist ein ausgezeichnetes Schlafmittel. Bei Husten wirkt die Schlüsselblumenwurzel schleimlösend.
Die Echte Schlüsselblume findet in letzter Zeit durch die Homöopathie in ihrer Wirkung gegen Kopfschmerzen großen Aufschwung. In Bulgarien gibt es Berufs-Schlüsselblumenpflücker, die sich für 1 Kilo Blüten 3000 Mal bücken müssen und dennoch dafür nur gering entlohnt werden.

Schmecken

ESSBARE SCHLÜSSELBLUME

! **Achtung:** Die „Echte Schlüsselblume" ist geschützt!
Es darf nur die „Hohe Schlüsselblume" (die mit den hellgelben Blüten) in Maßen gepflückt werden.

SÜßE ZIERDE

Schlüsselblumenblüten sind eine schöne Verzierung für Brötchen oder Torten.
Auch über Salate oder Suppen können sie gestreut werden. Noch dazu schmecken sie wunderbar.

SCHLÜSSELBLUMENTEE

Blüten trocknen. Auf ca. 150 ml Wasser kommt 1 TL Blüten.
Die Blüten mit heißem Wasser überbrühen. Nach 10 Minuten abseihen. Fertig!

TIPPS UND TRICKS FÜR DEN EIGENEN GARTEN

- Schlüsselblumen können ganz einfach ausgegraben und an einem anderen Ort wieder eingesetzt werden. Sie sollten dort, wo sie entnommen werden, sehr häufig wachsen.
- Neben der hellgelben Hohen Schlüsselblume gibt es noch die dottergelbe Echte Schlüsselblume, die unter Naturschutz steht. Sie darf weder gepflückt noch ausgegraben werden.
- Schlüsselblumen stehen am liebsten auf der Wiese. Ein kurz gemähter Rasen ist kein geeigneter Standort.
- Schlüsselblumen sind dankbare Vasenpflanzen: Sie sind sehr lange haltbar, duften und die verdorrten Blüten können immer wieder abgezupft werden. Ein Blumenstrauß ist auch schnell gepflückt, denn mit jeder Pflanze kommt ein ganzer Bund voller Blüten dazu!
- Amseln fallen gerne über Schlüsselblumenblüten her. Sie saugen dabei den süßen Nektar aus und zwicken gleichzeitig die Blüte ab. Das traurige Ergebnis sind blütenlose Schlüsselblumenstängel und verstreute Blüten auf der Erde.
  Ein Handfeger mit den Borsten nach oben (sieht einer Katze ähnlich) oder ein Vogelbad in der Nähe soll Hilfe bringen.
- Primeln, die es in den verschiedensten Farben im Frühling zu kaufen gibt, sind mit der Schlüsselblume ganz nahe verwandt. Sie sind die gezüchtete Form der Stängellosen Schlüsselblume. Auch sie können in Gärten gepflanzt werden und werden jedes Jahr aufs Neue blühen.

GÄRTNEREI

SCHLÜSSELBLUMENGARTEN MIT SCHUTZFEGER

Angepasst an die Höhe der Schlüsselblumen werden hier einmal ganz besondere Vogelscheuchen gebastelt. Können die gierigen Amseln durch solch eine Katzen-Attrappe verscheucht werden?

Alter: ab 5 Jahren
Material: Schlüsselblumenpflanzen, kleiner Spaten, Handfeger (mit Holzgriff), Lackfarben, Stoffreste, Naturmaterialien (Äste, Moose ...)

In kleine Gruppen aufgeteilt pflanzen die Kinder an ausgewählten Stellen Schlüsselblumen, jeweils kreisförmig angeordnet.

In die Mitte stecken sie einen selbst gestalteten Handfeger, den die Kinder als Fee, Katze oder andere Fantasiegestalt einkleiden: Die Borsten sind die Haare, das Holz wird angemalt und mit Stoffresten oder Naturmaterialien ergänzt (Arme, Flügel, Bärte etc.).
Nun können sie beobachten, ob der Schutzfeger wirklich die hungrigen Amseln abschreckt!

LUNGENKRAUT – HÄNSEL & GRETEL

Kinder haben das Lungenkraut gern. Vor allem, weil die Pflanze gleichzeitig zwei verschiedene Blütenfarben hat: die roten Blüten für die Gretel, die blauen für den Hänsel. Da ergibt sich natürlich gleich die Frage nach dem „Warum ist das so“! Es wäre doch viel einfacher für eine Pflanze, nur eine einzige Blütenfarbe zu produzieren. In diesem Kapitel kommen die Kinder dem Farbenspiel auf die Spur!

Steckbrief

Blüte:
glockenförmige Blüten in einer Dolde
verschiedenfärbig:
von rosa ➡ violett ➡ blau

Blatt:
behaart; zur Blütezeit nur Stängelblätter, weich behaart

Stängel:
rau behaart
nach der Blüte große zungenförmige, rau behaarte Blätter mit weißen Flecken, die sogar überwintern

Was noch besonders ist?

- junge Stängelblätter essbar
- Verschiedenfärbigkeit der Blüten
- Ameisenverbreitung der Samen

Wo zu finden?
in Laubwäldern, an Waldrändern

Wann zu finden?
Mitte März bis Ende April

RÜCKSICHTSVOLLE ZELLSAFTZAUBEREI

Die Blüten des Lungenkrauts ersparen den bestäubenden Hummeln und Bienen unnütze Wege und Besuche, indem sie ihre Blütenfarbe verändern. Anfänglich sind die Blütenkronen rot, voll erblüht werden sie blau. Erst dann werden sie von den Bestäubern wahrgenommen. Bienen & Hummeln können rote Farbe nämlich nicht sehen. Erst wenn die Blüten zur Bestäubung bereit sind, werden die Insekten angelockt.
Das Lungenkraut wechselt seine Blütenfarbe, indem es den Säuregehalt im Zellsaft verändert. Zuerst ist er sauer und wird dann immer „süßer". Dadurch verändert sich auch die Farbe. Die Umwandlung des Blütenfarbstoffes geht so langsam vor sich, dass fast immer alle Übergänge von sanftem Rosa zu tiefem Schwarzblau zugleich an einer Blütentraube zu finden sind.
Das ist auch der Grund, warum das Lungenkraut auch Hänsel & Gretel heißt: die blauen Blüten für den Hänsel, die roten für die Gretel!

SPIEL – SEHEN

HÄNSEL & GRETEL

Alter: ab 3 Jahren
Material: 1 Strauß Lungenkraut

Die Kinder machen einen Frühlingsspaziergang. Auf einer festgelegten Wegstrecke darf jeweils ein Kind von einem Strauß Lungenkraut Blüten abzupfen und hinter sich „verlieren", so wie einst Hänsel die Steinchen.
Später, auf dem Rückweg, machen sich dann alle auf die Suche nach den Blüten.
Finden alle den Weg zurück?

Hinweis: Dazu passt das folgende Lied, das nach der Melodie des bekannten Kinderliedes „Hänsel und Gretel verirrten sich im Wald ..." gesungen wird.

HÄNSEL & GRETEL

Text: Jürgen Geißelbrecht

1. Rot ist die Gretel und wär so gerne blau
sie muss noch warten, doch wissen wir genau
der März, der muss vorbeigehn und dann folgt der April
nun kommt der Hänsel, jetzt hat sie was sie will!

2. Blau ist der Hänsel und will es auch so sein.
Er braucht nicht warten, sie kommen von allein.
Die Bienen fliegen emsig und holen Blütenstaub,
Schau, nächstes Jahr kommt der Nachwuchs aus dem Laub!

Sehen

FARBWECHSEL

Den Farbwechsel live beobachten!

Alter: ab 4 Jahren
Material: Lungenkraut in Knospe, Blumentopf mit Erde

Die Kinder graben sich ein knospendes Lungenkraut aus und setzen es in einen Blumentopf mit Erde. Am besten stellen sie den Topf für ihre Beobachtung ins Freie.
Jeden Tag wird jetzt beobachtet, wie viele Blüten sich öffnen und in welcher Farbe.
Kommen die ersten Bienen, beobachten die Kinder deren Verhalten beim Besuch des Lungenkrauts: Welche Blüten werden angesteuert? Wirklich nur die blauen?

Variante

Um den Farbwechsel noch deutlicher zu machen, führen ältere Kinder dazu ein Tagebuch, z. B.:
1. Tag: alle Blüten in Knospe
2. Tag: 1 rosa Blüte, andere Knospen
5. Tag: 3 rosa Blüten, 2 lila Blüten, 1 blaue Blüte, erster Bienenbesuch …

Experiment

FARBTEST

Die Kinder beobachten die Veränderung der Blütenfarbe – diesmal geschieht der Farbwechsel aber anders herum!

Alter: ab 5 Jahren
Material: Ameisenhügel oder -nest, Lungenkraut

Blaue Blüten färben sich in saurer Umgebung rosa.
Die Kinder suchen einen Ameisenhügel auf und legen Lungenkrautpflanzen darauf. Die Ameisen wehren diese „Fremdkörper" ab, indem sie Ameisensäure ausstoßen. Sie sprühen diese scharfe Flüssigkeit aus ihrem Hinterleib. Dort, wo die blauen Blüten davon getroffen werden, bekommen sie rosa Flecken. Auf diese saure Umgebung reagieren auch die Blütenfarbstoffe.
Hinweis: Funktioniert auch mit anderen blauen Blumen wie Vergissmeinnicht oder Glockenblume!

Bewegungsspiel

ROSA – BLAU

Eine gute Aufwärmübung!

Alter: ab 5 Jahren
Material: blaues und rosa Tuch

Aus der Gruppe wird ein Kind als Biene (bekommt blaues Tuch) und ein Kind als Blumenpflückerin (bekommt rosa Tuch) ausgewählt.
Die Biene sieht nur blaue Lungenkräuter und kann daher auch nur solche fangen.
Die Blumenpflückerin nimmt lieber die rosa Blüten, denn diese blühen noch länger; sie darf daher nur rosa Blüten fangen.
Alle anderen Kinder sind Lungenkräuter, die ihre Farbe durch Positionswechsel verändern können: Stehen – Blau; Sitzen – Rosa.
Dieser Farbwechsel ist für die Lungenkräuter wichtig, denn nur so können sie dem Gefangenwerden entgehen.
Die Lungenkräuter sitzen oder stehen verteilt im Raum (dürfen sich nicht von der Stelle bewegen) und versuchen durch Änderung der Position nicht gefangen zu werden.
Die beiden Fänger dürfen sich frei im Raum bewegen und versuchen die richtig gefärbten Lungenkräuter zu fangen. Sie dürfen aber niemals beide gleichzeitig ein Lungenkraut ansteuern.
Gefangene Lungenkräuter scheiden aus. Gewonnen hat jenes, das zuletzt übrig bleibt.

FRÜHLINGSBLÄTTCHEN & SOMMERZUNGEN

Das Lungenkraut bildet erst nach der Blüte große Sommerblätter aus. Diese großen, weiß gefleckten und rauen Zungen bleiben dann bis ins nächste Frühjahr bestehen. Vor der Blüte entwickeln sich nur kleine Stängelblätter, die noch viel weicher sind.
Diese jungen Blätter des Lungenkrauts schmecken nicht nur Schildkröten. Sie sind auch für eine Salatmischung bestens geeignet.
In früheren Zeiten wurde das Lungenkraut gegen Lungenkrankheiten angewendet. Kurz nach dem 2. Weltkrieg wurden die Blätter sogar als Tabakersatz verarbeitet. Das muss ein gesunder Tabak gewesen sein.
Heute spielt das Lungenkraut keine medizinische Rolle mehr. Durch seinen Gehalt an Kieselsäure und Schleimstoffen wirkt sein Tee aber hustenreiz- und entzündungshemmend.

Schmecken

TEE „HÄNSEL & GRETEL"

Hilft gut gegen Husten!

Material: Lungenkrautblätter und -blüten, Zeitungspapier, verschließbare Gläser oder Teedosen

Blätter und Blüten vor und während der Blütezeit sammeln und auf Zeitungspapier an heller Stelle (aber nicht in der prallen Sonne) trocknen lassen. Wenn sie sich leicht zerbröseln lassen, sind sie richtig getrocknet und können zur Aufbewahrung in Gläser oder Teedosen gefüllt werden.

Zubereitung: Auf eine Tasse Tee einen Teelöffel Lungenkraut mit heißem Wasser überbrühen und zugedeckt 5 Minuten ziehen lassen.

Spiel

LUNGENZUNGENSPASS

Die sich im Spätfrühling entwickelnden Blattzungen des Lungenkrauts sind sehr fotogene Kinderzungen.

Alter: ab 3 Jahren
Material: Lungenkrautzungenblätter, Fotoapparat

Lungenkrautzungenblätter sind zwar etwas stachelig, haften dadurch aber auf der Haut (mit Anfeuchten oder Löwenzahnsaft noch ein wenig länger).
Die Kinder verschönern ihre Gesichter mit Lungenkrautzungen (vielleicht auch mit Schlappohren, Piratenauge, Herzwangen, Hörnern ... aus Lungenkrautblättern). Ohrgehänge können mit Löwenzahnsaft befestigt werden.
Bei einer Galavorstellung werden die schönsten, lustigsten, gruseligsten oder originellsten Verzierungen gewählt, prämiert, fotografiert ... und abschließend ein Gruppenfoto gemacht.

TIPPS UND TRICKS FÜR DEN EIGENEN GARTEN

- Lungenkraut lässt sich leicht ausgraben und im eigenen Garten wieder eingraben. Es ist eine langlebige und robuste Staude.
- Am liebsten steht es im Halbschatten unter Laubbäumen oder -hecken auf nicht zu trockenem Boden.
- Durch Teilung des Wurzelstocks können Lungenkrautpflanzen vermehrt werden.
- Gärtnereien bieten ein ganzes Sortiment an Lungenkräutern an: mit korallenroten Blüten, mit großen weißen Blüten, mit silbrig gefleckten Blättern, ...
- Lungenkräuter sind eine Bienenweide. Sie bieten eine üppige Nektarquelle.

GÄRTNEREI – BASTELN

HÄNSEL & GRETEL IM BEET

Alter: ab 4 Jahren
Material: Lungenkrautpflanzen, Holz und Laubsäge oder Karton und Schere, Farben, Rundhölzer

Die Kinder bepflanzen eine geeignete Stelle im Garten mit Lungenkrautpflanzen. Diese „Gärtnereien" können durch eine zusätzliche Bastelaktion erweitert werden. Zum Beispiel zwei individuell gestaltete Stabfiguren (für ältere Kinder als Laubsägearbeit, für jüngere aus Karton), die in das Beet gesteckt werden, ein blauer Hänsel und eine rote Gretel.
Eine weitere Möglichkeit ist ein violettes „Mischwesen", der Übergang von Gretel zu Hänsel!

BUSCHWINDRÖSCHEN – ZARTES „PFLÜCK-MICH-NICHT!“

Wenn jemand die Frage nach der empfindlichsten Blume stellen würde, so käme gleich nach der Mimose das Buschwindröschen: Unglaublich zart und fein, fast elfengleich sind diese wunderschönen Frühlingsboten, die meist am Waldrand stehen und ganze Blütenteppiche bilden. Diese Zartheit kann durch bildnerische, körperliche oder gärtnerische Aktionen bewusst gemacht werden.

Steckbrief

Blüte:
sternförmig, weiß, knittrig,
meist 6 Blütenblätter,
zahlreiche Staubblätter

Blatt:
mehrfach geteilt

Stängel:
dünn und zart; auch unterirdisch verlaufende Stangel, die zur Vermehrung beitragen

Was ist noch besonders?
- leicht giftig
- bildet Blütenteppiche
- schließt bei Wind, Regen und Dunkelheit die Blüten, hängt dann glockenförmig nach unten
- Ameisenverbreitung der Samen
- wichtige Nahrungsquelle für viele Tiere

Wo zu finden?
lichte Wälder, Gebüsche, Wiesen

Wann zu finden?
Mitte März bis Ende April

VOM WINDE VERWEHT

Die Blütenblätter der Buschwindröschen werden leicht vom Wind verweht. Auch ein Frühlingsstrauß aus Buschwindröschen ist nicht ratsam. Zuhause angekommen sind sie bereits welk. Buschwindröschen sind sehr empfindliche Pflanzen, die schnell schlapp machen. Bei Regen oder am Abend werden die Blüten schnell geschlossen und die Kelche geneigt. So bleibt der empfindliche Blütenstaub vor Kälte und Nässe geschützt. Die Blüten nicken dann alle in eine Richtung.

Spiel – Bewegung

WINDGESCHICHTE

Alter: ab 5 Jahren

Die Kinder sitzen in einem Stuhlkreis. Die Spielleitung erzählt (erfindet) eine Geschichte, in der möglichst oft die Wörter „Busch", „Wind" und „Rose" vorkommen.
Wird eines dieser Wörter ausgesprochen, so müssen die Kinder sofort „zusammenknittern" – d. h. auf den Boden fallen!
Es ist umso spannender, je unregelmäßiger und versteckter die Wörter vorkommen (es gilt z. B. nur Rose und nicht Rosi oder Hose).

Rosa Buschwindrosenhosen-Verwirrgeschichte

Begonnen hatte alles mit einem furchtbaren **Wind.** Die Bäume im Wald bogen sich hin und her, die Büsche verloren ihre Blätter und die **Rosen** ihre Blüten. Das kleine Mädchen Rosi lief so schnell es konnte nach Hause. Der Weg war aber noch weit bis dort hin. Rosi kam an einem Apfelbaum, an einem **Busch**, an noch einem **Busch** und an einer **Rose** vorbei. Etwas weiter weg tanzte eine Hose wie wild mit dem **Wind** auf einem **Busch**, bog sich hin und her und sah fast wie lebendig aus.

Dann wurde der **Wind** zu einem Sturm. Die Bäume bogen ihre Kronen fast bis zum Boden, der Apfelbaum verlor alle seine Äpfel, der **Busch** warf seine Zweige ab und die **Rose** warf ihre dornigen Äste in die Hose von Rosi, die gerade des Weges gelaufen kam. Oh weh, die Hose zerriss von oben bis unten! Rosi konnte doch nicht ohne Hose durch **Busch** und **Rosen** gehen.
Da sah Rosi plötzlich vor sich eine im **Wind** tanzende rosa Hose. Sie rannte zum **Busch** und kletterte mit großer Anstrengung hinauf, nahm die Hose vom **Busch** und zog sie gleich an. Rosi sah mit ihrer rosa Hose und ihren rosa Wangen fast wie eine echte **Rose** aus. Die zerrissene Hose nahm sie mit. Jetzt waren es nur noch ein paar Meter bis nach Hause. Dort erzählte sie weinend ihrer Mutter vom starken **Wind**, den dornigen Ästen der **Rose**, ihrer zerrissenen Hose und der gefundenen rosa Hose.
Am nächsten Tag ging Rosi noch einmal zu der Stelle mit dem **Busch.** Sie brach einige Zweige der **Rose** ab und bastelte mit ihrer Mutter ein Kunstwerk mit dem Titel „Rosis Hose mit **Rose**". So war die zerrissene Hose doch noch zu etwas gut. Die rosa Hose ist übrigens niemandem abgegangen und Rosi passte sie wie angegossen.
Es war, als ob die **Rose** und der **Wind** als Entschuldigung eine Ersatzhose im **Busch** bereit gestellt hätten.

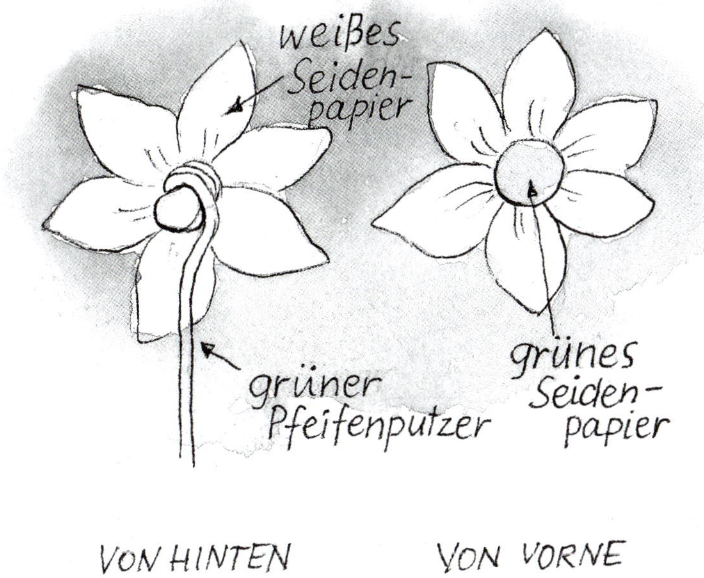

BLÜTENTEPPICH

Buschwindröschen lieben Plätze unter Laubbäumen, Hecken und Wiesen.
Meist werden aus einem Buschwindröschen sehr bald viele. Der Grund ist sein Rhizom. Das sind unterirdisch verlaufende Stängel, die waagrecht kriechen und sich verlängern und verzweigen können. Diese treiben dann weitere Blüten aus. So entstehen die Blütenteppiche.

Basteln

ANEMONEN AUS SEIDENPAPIER

Alter: ab 4 Jahren
Material: weißes und gelbes Seidenpapier, grüne Pfeifenputzer, Steckschwamm, Moos

Die zarte, knittrige Natur der Buschwindröschen, auch Frühlingsanemonen genannt, kann durch Seidenpapier am besten nachgeahmt werden.
Aus weißem und gelbem Seidenpapier Anemonen formen, mit Pfeifenputzer umwickeln und als Stängel abstehen lassen.
Die Stängel in einen Steckschwamm stechen und mit Moos bedecken.

Bewegungsspiel

KNÄUELGEFLECHT

Die Ausbreitung des Buschwindröschens durch sein Stängelgeflecht (hier Wollgeflecht) wird nachgespielt.

Alter: ab 4 Jahren
Material: 1 dicker Wollknäuel

Ein Kind, das erste Buschwindröschen, hat ein dickes Wollknäuel. Die anderen Kinder laufen frei im Raum. Das Kind mit Knäuel ruft den Namen eines anderen Kindes und wirft diesem das Knäuel zu, behält das Fadenende aber in der Hand.
Das angerufene Kind bleibt als Buschwindröschen stehen, ruft und wirft das Knäuel einem dritten Kind zu.
Langsam entsteht ein Knäuelgeflecht mit ganz vielen Buschwindröschen!

TIPPS UND TRICKS FÜR DEN EIGENEN GARTEN

- In der Natur gibt es das Weiße Buschwindröschen und das Gelbe Windröschen. Beide Pflanzen lassen sich leicht ausgraben und an eine andere Stelle verpflanzen. Buschwindröschenpflanzen gibt es auch in Gärtnereien.
- Buschwindröschen vermehren sich aufgrund ihres Rhizoms sehr leicht und schnell.
- Buschwindröschen sind eine wichtige Nahrungsquelle für viele Tiere. Manche, z. B. die Raupe der Langhornmotte, ernähren sich ausschließlich von diesen Anemonen.
- Buschwindröschen sind für Menschen schwach giftig.

GÄRTNEREI

TIERFRIEDHOFSBEPFLANZUNG

Im Mittelalter sind Gräber oft mit Buschwindröschen bepflanzt worden, wahrscheinlich weil sie sehr zerbrechlich wirken und so zum Symbol werden.
Kinder haben meist das Bedürfnis, tote Tiere, die sie gefunden haben, auch zu begraben und ihre Gräber zu schmücken.
Sie befassen sich so oft erstmals mit der Vergänglichkeit der Natur. Als Friedhofsschmuck geradezu prädestiniert sind daher die leicht vergänglichen Windröschen.

Alter: ab 4 Jahren
Material: Grabschaufel, schöne große Steine, Buschwindröschenpflanzen

Oft finden Kinder tote Tiere, z. B. aus dem Nest gefallene Vogelbabys, vertrocknete Regenwürmer oder sterbende Schmetterlinge.
Für sie kann eine Ecke im Garten reserviert werden, wo das tote Tier bestattet wird. Das Grab wird mit einem schönen Stein markiert und mit Buschwindröschen bepflanzt.
Nach einiger Zeit entsteht dort ein Tierfriedhof mit weißem Blütenteppich.

VEILCHEN –
DIE LIEBLINGSBLUME VON VIELEN

Veilchen gehören zu den beliebtesten Pflanzen. Jeder kennt sie, jeder liebt sie, ihre veilchenblaue Farbe und ihren feinen Duft. Das Veilchen war die Lieblingsblume Mozarts, Goethes, der Kaiserin Josephine und vieler anderer Berühmtheiten. Und so wundert es kaum, dass ihm unzählige Male in Form von Gedichten, Liedern oder Bildern seine Verehrung gezeigt wurde.
Kinder lieben vor allem das Wohlriechende Veilchen, mit dem sich der Frühlingseinzug so schön mit allen Sinnen feiern lässt!

Steckbrief

Blüte:
veilchenblau, mit Sporn

Blatt:
herzförmig

Was ist noch besonders?
- essbar
- bildet Ausläufer
- duftet
- Ameisenverbreitung der Samen
- Nektarquelle für Bienen und Schmetterlinge
- grüne unscheinbare Sommerblüte

Frucht:
3-klappige Kapsel

Wo zu finden?
Laubwälder, Säume, Gebüsche, Parks

Wann zu finden?
Anfang März – Ende April

VEILCHENUMFLOCHTENE ERDKUGEL

Veilchen gibt es fast auf der ganzen Welt: von der Tundra Sibiriens bis zum tropischen Regenwald. Mit 500 verschiedenen Veilchen-Arten ist die ganze Erde sozusagen „veilchenumflochten". Allein in Mitteleuropa gibt es 30 verschiedene Veilchen-Arten in verschiedensten Farben.
Das Wohlriechende Veilchen stammt eigentlich aus dem Mittelmeergebiet und Westasien. Es hat aber den Menschen früher schon so gut gefallen, dass sie es in ihre Gärten als Zierpflanze mitgenommen haben. Von dort ist es dann in Auwälder und Gebüsche verwildert, hier geblieben und heimisch geworden.

GÄRTNEREI

SAMEN AUSSTREUEN WIE GOETHE

Der berühmte Schriftsteller Johann Wolfgang von Goethe hat Veilchen sehr geliebt. Er trug oft Veilchensamen mit sich und verstreute sie überall in Weimar und Umgebung. Er wollte seine heiß geliebte Pflanze auf seinen Frühjahrsspaziergängen überall erblicken. Das können ihm die Kinder nachmachen!

Alter: ab 3 Jahren
Material: Veilchensamen

Kinder sammeln von fruchtenden Veilchen die Samen ab (ca. im Mai) und streuen sie wie Goethe beim nächsten Spaziergang aus.
Aber Achtung! Veilchen mögen keine feuchten Stellen und Nadelbäume.
Erst im nächsten Frühling werden die Samen zur Keimung gelangen.

Hinweis: Veilchen sind so genannte Kaltkeimer, d. h. die Samen brauchen nach der Reife eine Keimruhe (das entspricht Sommer und Herbst), die erst bei Temperaturen zw. 1 und 10 °C aufgehoben wird (entspricht dem Winter). Dann ist der Same keimfähig, keimt allerdings erst nach Einsetzen der ersten Wärmeperiode (entspricht dem Frühling).

VOGELNEST

Veilchen haben einen ausdauernden Wurzelstock, der sich immer wieder verzweigt und zusammen mit alten Stängeln und Blättern vom Vorjahr ein zausiges Nest bildet. Aus diesem schlüpfen im zeitigen Frühjahr die Veilchenblüten wie kleine blaue Vöglein. Aus Sicherheitsgründen stehen anfangs die Blütenstiele nur sehr kurz hervor. Dadurch wird dem Veilchen die Eigenschaft „Bescheidenheit" zugesprochen. Johann Wolfgang von Goethe schrieb über das Veilchen: „Ich steh verborgen und gebückt und mag nicht gerne sprechen."
Erst wenn es wärmer wird, wachsen auch die Blütenstiele in die Höhe.

VEILCHEN, VEILCHEN

Text & Melodie: L. und J. Geißelbrecht

1. Veilchen, Veilchen
warte noch ein Weilchen
noch ist's dir zu kalt –
der Frühling kommt schon bald!

2. Veilchen, Veilchen
warte noch ein Weilchen
ducke dich ins Nest
und halte dich gut fest.

3. Veilchen, Veilchen
warte noch ein Weilchen
lass die Blüten zu
sie wolln ein bisschen Ruh!

4. Veilchen, Veilchen
vorbei ist nun das Weilchen
schau, der Kuckuck ruft
nun komm mit deinem Duft!

WURFGESCHOSS FÜR AMEISEN

Aus jeder Veilchenblüte entwickelt sich mit der Zeit eine kleine dreiklappige Kapsel, die nach der Reife platzt. Dabei rollen sich die Fruchtwände der Kapsel beim Austrocknen von den Rändern her ein. Dadurch werden die glatten Körnchen weggeschnippt, ähnlich wie Kirschkerne, die zwischen Fingern fortgeschnellt werden. Durch diesen Schleudermechanismus gelangen die Samen etwas von der Pflanze weg. Das ist wichtig, denn sonst hätten sie keinen Platz zum Wachsen. Zusätzlich werden die Samen wegen ihres süß schmeckenden Anhängsel noch von Ameisen fort getragen. Davon profitieren beide: Ameisen kommen zu leckerer Nahrung und Veilchen zur weiteren Verbreitung ihrer Samen.

EXPERIMENT – SEHEN

KAPSELSPRENGUNG

Alter: ab 4 Jahren
Material: reife Veilchen-Samenkapseln (ab Juni)

Ab Juni werden reife Samenkapseln (mit Stiel) gesammelt. Sie sind nicht ganz leicht zu finden, denn sie liegen fast am Erdboden unterhalb der Veilchenblätter verborgen. Die Kapseln werden mit dem Stiel in kleine Halterungen gesteckt, z. B. in die Löcher von Salzstreuern und dann an einem trockenen, hellen Ort immer wieder beobachtet. Nach ca. 1 Tag wird sich die Kapsel sprengen und ihre Samen mehr oder weniger weit entlassen. Vielleicht gelingt es den Kindern ja, genau diesen Moment einzufangen!

EXPERIMENT – SEHEN

AMEISENPRÜFUNG

Ein kleines durchdachtes Wunder der Natur wird in dieser Aktion erfahrbar.

Alter: ab 4 Jahren
Material: Ameisenhügel, Ameisenstraße oder Ameisennest, frisch ausgelöste (getrocknete sind keine große Verlockung), reife Veilchensamen (ab Juni)

Die Kinder sammeln Veilchenkapseln (s. Kapselsprengung) und „knacken" sie auf. Heraus quellen zahlreiche, gelbliche Samen mit weißen Anhängseln. Bei der Hälfte der Samen entfernen sie diese Anhängsel mit dem Fingernagel. Die Kinder streuen alle Veilchensamen – mit und ohne Anhängsel – auf eine Ameisenstraße oder zu einem Ameisenbau und machen einige der folgenden Beobachtungen:

- Samen mit Anhängsel werden bald von Ameisen aufgelesen und mitgeschleppt,
- Samen ohne die anhängende süße Verlockung bleiben unbeachtet liegen.
- Eine einzige Ameise kann einen Veilchensamen schleppen, obwohl sie beide ungefähr gleich groß sind.
- Streit und Gerangel um die Samen sind keine Seltenheit. Manchmal zerrt eine Ameise in eine Richtung, die andere in die gegensätzliche!
- Die Ameisen fassen die Samen am Anhängsel und schleppen den ganzen Samen leicht schiebend vorwärts.

Hinweis: Funktioniert auch mit reifen, aber frischen Samen von Schneeglöckchen und Leberblümchen.

VEILCHENBLAU

Die Blütenblätter des Wohlriechenden Veilchens sind weder blau, noch violett noch lila. Sie sind einfach veilchenblau – eine herrliche Farbe!
Im Mittelalter wurden mit Veilchen-Blütenfarbstoff die Speisen blau gefärbt. Mit Veilchenblüten lassen sich Essig, Öl, Saft und Eis färben.

SEHEN – SCHMECKEN

VEILCHEN-FARBSPIELE

Werden Wohlriechende Veilchen mit kochendem Wasser übergossen, geht ihre Farbe sofort in die Flüssigkeit über. Die veilchenblauen Blüten werden dabei weiß. Je mehr Blüten, desto intensiver wird die Farbe des Wassers. Der Farbspiegel geht dabei von grünlich bis ins Blau. Die Farbe ist allerdings leicht flüchtig und wird nach einer Woche immer schwächer. Saft und Eis daher schnell trinken und essen!

VEILCHENSIRUP

Zutaten: 1 Hand voll Veilchenblüten,
250 g Zucker, Saft einer Zitrone

1 Hand voll Veilchen pflücken, waschen und trocken schütteln. In einen Edelstahltopf geben, 1/4 l kochendes Wasser darüber gießen, zudecken und 2 Tage stehen lassen.
Danach wird das Wasser Veilchenfarbe, -duft und -geschmack angenommen haben.

Zum Veilchenwasser 250 g feinen Zucker und den Saft einer Zitrone zugeben und alles zusammen langsam in einem Edelstahltopf erhitzen. Unter Umrühren einmal kurz aufkochen lassen.

Ausgekühlt in kleine Fläschchen füllen. In dunklen Gefäßen hält sich die Veilchenfarbe länger (ein paar Wochen, wird aber trotzdem immer schwächer). Der Geschmack bleibt allerdings!
Der Sirup hält sich mehrere Monate und schmeckt mit Wasser verdünnt (1:6) als Saft oder Eis (s. u.).

VEILCHENEIS

Zutaten: 200 g Zucker, 8 Eidotter, 1/2 l Schlagobers (Sahne), 1/8 l Veilchensaft (1:6 mit Wasser verdünnter Veilchensirup)

200 g Zucker mit 8 Eidottern schaumig schlagen. Nach und nach 1/2 l Schlagobers und 1/8 l Veilchensaft zugeben.
Das ganze bei geringer Hitze und im Wasserbad zu einer Creme schlagen, vom Herd nehmen und so lange rühren, bis sie kühl geworden ist.
Die Masse in eine Eismaschine füllen oder in einer Form in den Gefrierschrank stellen.

KUNST

VEILCHENMANDALA

Alter: ab 3 Jahren
Material: Wasserfarben, Kopie der Mandala-Vorlage

Die Kinder bemalen eine vergrößerte Kopie des Veilchen-Mandala mit einem richtig schönen Veilchenblau. Dazu müssen sie mehrere Blau-Lila-Violett-Farbtöne miteinander vermischen.
Aber: Es ist gar nicht so einfach durch Mischen von verschiedenen Blau- und Rottönen ein Veilchenblau zu bekommen.
Hier ist experimentieren angesagt!

Die Geschichte vom Veilchen in der Geschichte

Schon die alten Griechen hatten Veilchen besonders gern und weihten es deshalb ihrer Frühlingsgöttin. Als Kranzpflanze war es derart begehrt, dass es in der Umgebung von Athen sogar angebaut werden musste. Um nicht betrunken zu werden, aromatisierten die Griechen ihren Wein mit Veilchen als eine Art Gegenmittel zum Alkoholgehalt.
Die Römer nannten das Veilchen Viola. Bei den römischen Göttern rettete es eine Hochzeit: Venus, die schöne Göttin der Liebe, wollte nicht den hässlichen Vulkan, den Gott über Feuer und Metalle, heiraten. Erst als er sich einen Veilchenkranz auf den Kopf setzte, drückte sie doch noch ein Auge zu und nahm ihn zum Mann.
Im Mittelalter wurde das Veilchen zur Blume Marias. Die mittelalterlichen Mönche nannten es Veiel oder Veil. Durch seine Beliebtheit wurde es dann verkleinert und zum Veilchen. Sogar Veilchenfeste wurden gefeiert.
Später, in der Klassik und Romantik wurde das Veilchen noch beliebter. Es war das Sinnbild für Bescheidenheit, wurde umdichtet, besungen und gemalt.
Wolfgang Amadeus Mozart komponierte ein Lied, Albrecht Dürer malte sein berühmtes Aquarell „Das Veilchensträußchen“ und Johann Wolfgang v. Goethe schrieb ein Gedicht über das Veilchen.

VEILCHENDUFT

Mit dem süßen Veilchenduft wurden früher Kopfschmerzen, Schlaflosigkeit und Traurigkeit geheilt. Aus Veilchenblüten lässt sich Veilchenblütenöl herstellen. Es gehört zu den teuersten ätherischen Ölen. Zur Gewinnung von 1 g Öl sind 3 kg (!) Blüten erforderlich. In manchen, sehr teuren Parfüms ist es enthalten.

RIECHEN

VEILCHENÖL

Kinder können selbst Parfüm komponieren. Reines Veilchenblütenöl ist zwar mit einfachen Mitteln nicht machbar, daher wird es einfach „verlängert"!

Material: 1/4 l Jojobaöl, 1 Hand voll Veilchenblüten, Schraubglas, kleine, schöne (Parfüm-) Fläschchen

Veilchenblüten waschen und trocken tupfen. Jojobaöl und die Veilchenblüten in ein großes, sauberes Schraubglas geben und verrühren. Einige Tage zugedeckt stehen lassen, bis das Öl bläuliche Farbe und zarten Veilchenduft angenommen hat.
Die Veilchenblüten abschöpfen und das Öl in kleine, schöne Parfümfläschchen füllen. – Auch ein schönes Geschenk für den Muttertag!

Hinweis: Die Veilchenblüten (die dann weiß geworden sind) können auch im Gefäß bleiben, müssen aber immer von einer 1 cm dicken Schicht Öl überdeckt sein.

LECKERE BLÜTEN

Die Blüten des Wohlriechenden Veilchens sind auch roh essbar und eignen sich hervorragend für Dekorationen. Schon die Griechen und Römer liebten kandierte Veilchenblüten. In gut sortierten Confiserien gibt es sie um teures Geld zu kaufen. Sie lassen sich aber auch ganz einfach selbst herstellen. Zusammen mit den Blättern kann ein Veilchentee bereitet werden, der gut gegen Husten hilft.

SCHMECKEN

LECKERE VEILCHEN

KANDIERTE VEILCHENBLÜTEN

Die kandierten Veilchenblüten einfach als Bonbons lutschen oder damit Torten und Kekse dekorieren.

Zutaten: Veilchenblüten, 100 g Gummiarabikum-Pulver (aus der Apotheke), 100 g feiner Zucker
Hinweis: Statt Gummiarabikum kann Eiweiß mit etwas Wasser verwendet werden. Die Blüten halten sich dann aber nur 1 – 2 Wochen.

Veilchenblüten waschen und vorsichtig trocken tupfen.
Etwas Gummiarabikum-Pulver mit wenig Wasser anrühren. Mit dieser Mischung die Blüten innen und außen mit einem Backpinsel dünn bestreichen und mit Zucker bestreuen. Den überschüssigen Zucker vorsichtig abschütteln.
Sobald der anhaftende Zucker durchfeuchtet ist, das Einpinseln wiederholen.
Die Zuckerblüten einige Tage auf einem Rost so lange trocknen lassen, bis sie sich ganz hart anfühlen.

VEILCHENZUCKER

... zum Bezuckern besonders feiner Nachspeisen oder als süßes Geschenk!

Zutaten: 60 g Veilchenblüten, 200 g Backzucker (feiner Kristallzucker)

Die Veilchenblüten und den Backzucker schichtweise in ein Vorratsglas füllen, gut verschließen und an einem warmen Ort 6 Wochen stehen lassen.
Den Veilchenzucker durchsieben und in ein hübsches Gefäß umleeren.

VEILCHENMARMELADE

Zutaten: 250 g Veilchenblätter und -blüten (1:1), 750 g Zucker, 250 g Apfelmus

Veilchenblätter und -blüten waschen, trocken tupfen und fein schneiden.
Den Zucker aufkochen und das Blätter-Blüten-Gemisch zugeben.
Nach einiger Zeit das Apfelmus zugeben und alles einmal kurz aufkochen lassen.
Die Marmelade noch heiß in Gläser füllen.

Sage vom Veilchenfest

(nach einer Sage aus Wien, trad.)

Zur Zeit der Babenberger Herzöge gab es eine Hofgesellschaft, die gerne tanzte und feierte. Besonders gerne wurde das Veilchenfest gefeiert, das nach der langen Winterzeit den kommenden Frühling ankündigte: Wer das erste Veilchen gefunden hatte, deckte es mit seinem Hut zu und meldete seinen Fund dem Herzog. Mit seinem ganzen Hofstaat und vielen Bürgern feierte er dann dieses Ereignis mit Tänzen und Liedern.

Einmal war der edle Ritter Neidhart von Reuenthal der erste glückliche Veilchen-Finder. Voller Freude deckte er das Veilchen mit seinem Hut zu und machte sich auf den Weg zum Herzog. Zwei Bauernburschen aber, die Reuenthal schon oft verspottet hatte, waren im Gebüsch versteckt und hatten alles beobachtet. Nun fanden sie endlich Gelegenheit, sich zu rächen. Sie hoben den Hut auf, pflückten das duftende Veilchen, legten an seine Stelle einen übel riechenden Kuhfladen und deckten sie wieder mit Neidharts Hut zu.

Inzwischen war der Herzog freudig mit seinem ganzen festlichen Gefolge zur Fundstelle unterwegs.

Ritter Neidhart trat vor, ordnete die Gruppe im Kreis um die Stelle und trug ein fröhliches, selbst gedichtetes Frühlingslied vor. Der Herzog hielt eine festliche Ansprache und die Kinder führten einen Tanz auf. Danach trat Neidhart vor seinen Herzog und bat ihn, den Hut abzuheben und das Veilchen zu pflücken.

Der Herzog bückte sich, hob den Hut auf und taumelte beim nächsten Atemzug entsetzt zurück. Seine Züge verfärbten sich, der Hut fiel ihm aus der Hand und er blickte wutentbrannt auf Neidhart. Dieser war aber genauso fassungslos wie der Herzog und außerstande, ein Wort der Entschuldigung oder Erklärung hervorzubringen.

Sobald der erboste Herzog mit seinen Leuten den Platz verlassen hatte, begannen die Bauern über ihren Streich und die verwirrten Gesichter der vornehmen Gesellschaft dröhnend zu lachen. Alle waren sich klar, dass das eine Rache an Neidhart war.

Die ganze Schar zog unter Gelächter zu einem nahen Wirtshaus, wo in der Stubenmitte an einer Stange gebunden das vermisste Veilchen war. Die Kinder tanzten lustig um das Blümchen und die Dorfbewohner lachten bei Bier und Wein immer wieder über den gelungenen Streich.

Neidhart hatte inzwischen erfahren, dass es die Bauern waren, die es ihm auf ihre Art heimzahlen wollten, weil er sie so oft geärgert hatte. Er verzieh ihnen, schilderte den Vorfall dem Herzog, über dessen Gesicht sich ein leises Lächeln zog, als er sagte: „Wollen wir alles verzeihen und vergessen. Und der nächste Frühling möge uns wieder in altgewohnter Weise ein schönes und frohes Veilchenfest bringen!“

BASTELN

VEILCHENKRANZ

Alter: ab 5 Jahren
Material: lila Tonpapier, Bleistift, Buntstifte, Schere, Klebstoff

Aus dem Tonpapier einen schmalen Streifen schneiden und in regelmäßigen Abständen zickzackförmig falten.
Damit die beiden Enden des Zickzackschnitts gleich sind, empfiehlt sich eine gerade Anzahl von Falten.
Auf die Oberseite des zusammengefalteten Streifens eine schöne Veilchenblüte zeichnen und ausschneiden. (s. Abb.)

Wichtig: Nicht vollkommen rundherum schneiden. Die Blüte muss an mehreren Punkten bis zum Rand reichen, sonst würde sie beim Auseinanderfalten zerfallen.
Die Blütenreihe vorsichtig auseinander falten, mit bunten Stiften die Blütenzeichnungen aufmalen und den Streifen mit Klebstoff zu einem Kranz verbinden.

Hinweis: Die Blütenreihen können auch als Girlanden einen Raum oder Tisch schmücken.

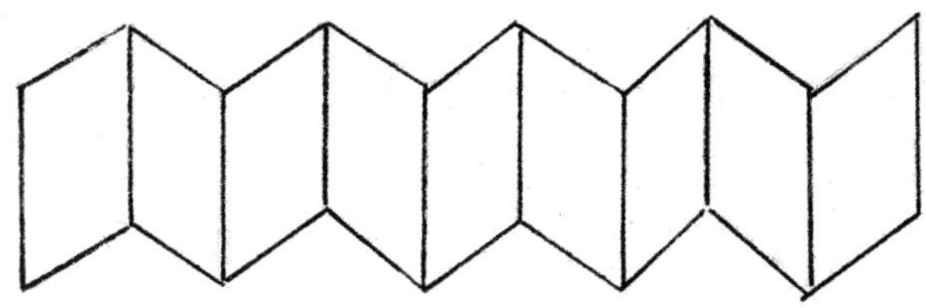

EI VEILCHEN, LIEBES VEILCHEN

(Text u. Melodie trad.)

SPIEL

VEILCHENFEST

Mit einem Veilchenfest feiern die Kinder den Frühlingseinzug so richtig mit allen Sinnen!

Alter: ab 3 Jahren
Material: Mütze oder Hut für jedes Kind; alles, was zu einem Fest gehört (s. u.)

Die Kinder machen einen Spaziergang im Garten oder Park und suchen das erste Veilchen. Jenes Kind, welches das erste Veilchen entdeckt, wirft (wie in der alten Sage vom Veilchenfest, S. 86, erzählt) schnell seine Mütze darauf.
Es ist von da an der Veilchenkönig bzw. die Veilchenkönigin, zu dessen Ehren ein Veilchenfest gestaltet werden kann.
Dazu werden z. B. Veilchen-Spezialitäten bereitet, Veilchenkränze gebastelt, Veilchen-Mandalas gemalt, Veilchen gepflanzt, die Veilchen-Sage erzählt oder ein Veilchen-Lied gesungen ...

TIPPS UND TRICKS FÜR DEN EIGENEN GARTEN

- Veilchenpflanzen lassen sich ganz einfach aus der Natur in den Garten setzen. Am liebsten stehen sie im Halbschatten in der Nähe von Laubsträuchern oder -bäumen.
- Andere Veilchen-Arten, die nicht duften, aber in verschiedensten Farben und Größen blühen, werden in Gärtnereien im Frühling angeboten. Auch Stiefmütterchen sind eine Veilchen-Art. Manche Stiefmütterchen, die Miniatur-Stiefmütterchen (Kreuzung zwischen Hornveilchen und Garten-Stiefmütterchen) haben sehr kleine, violette Blüten, sodass sie wie Duftveilchen aussehen – aber nicht riechen!
- Veilchen locken viele Insekten, vor allem Schmetterlinge, an. Der Veilchen-Perlmutterfalter legt seine Eier in Veilchen-Blättern ab und seine Raupen verwenden sie als Wohnung und Nahrung.
- Veilchen blühen im Sommer nochmals, allerdings viel kleiner, grün und unscheinbar. Dadurch hat das Veilchen einen Sicherheitspolster für die Samenverbreitung: Es könnte ja sein, dass die blaue Blüte durch einen plötzlichen Wintereinbruch erfriert und in der Kälte nicht die Kraft aufbringt Samen zu bilden. Dann gibt es als Reserve noch die Sommerblüte, die sich nie öffnet, sondern immer in Knospe verharrt. Sie kann sich daher auch nur selbst befruchten.
- Manche Veilchen vermehren sich durch Ausläufer schnell: Sie können ihre Stängel verlängern, die dann wie feine Fäden am Erdboden dahin ziehen und Blattbüschel treiben. Diese Büschel lassen sich von der „Mutterpflanze" trennen und werden ganz eigene Veilchen. Das ist die 3. Möglichkeit der Veilchenvermehrung.
- Veilchen lassen sich auch ansäen. (siehe Aktion „Samen ausstreuen wie Goethe, S. 78)

GÄRTNEREI

VEILCHENREIGEN

Eine schöne Vorarbeit für das Veilchenfest!

Alter: ab 4 Jahren
Material: verschiedene Veilchenpflanzen, kleiner Spaten

Im Halbschatten, in der Nähe von Laubbäumen einen ringförmigen Erdgraben ziehen. Veilchenpflanzen (einer Farbe oder in Abstufungen von hell bis dunkel) einsetzen und gut gießen.
Es entsteht ein ringförmiges Veilchenbeet, um das herum (oder darin) beim Veilchenfest getanzt und gespielt werden kann.

GÄNSEBLÜMCHEN – RASENBLÜMCHEN

Gänseblümchen sind kleine Wunder. Mitten in der Stadt, gibt es oft „Gänseblümchenüberraschungen", sei es im schäbigsten Rasen, in einer Dachrinne oder auf einem Fußballplatz. Gänseblümchen gibt es überall und sie sind so vielseitig, dass sie immer wieder erstaunen. Und dennoch wurden und werden sie meist schmählich behandelt. Hans Christian Andersens Märchen vom Gänseblümchen ist das beste Beispiel dafür.
Das bescheidene, kleine Wunder hat aber sehr viel zu bieten, bereits für Kinder im Krabbelalter …

Steckbrief

Blüte:
Blütenkorb mit gelben Röhrenblüten und weißen Zungenblüten

Blatt:
ledrig, spatelförmig, bilden Blattrosette, wintergrün

Stängel:
sehr stabil, blattlos, in einer Blüte endend

Was ist noch besonders?

- essbar: nussiger Geschmack
- bildet Ausläufer
- Blüten schließen sich bei Nacht und feuchtem Wetter
- Samenverbreitung: Schüttelstreuer
- unterschiedliches Aussehen

Wann zu finden?
Anfang März – Oktober

Wo zu finden?
Rasen, Wiesen, Weiden, Wegränder

BLÜTENKORB

Die Gänseblümchenblüte sieht wie eine einzige Blüte aus, ist in Wirklichkeit aber ein ganzer Korb voller Einzelblüten. In der Mitte sitzt ein Teppich von winzigen röhrenförmigen Blüten, die auch Samen ausbilden und vom Wind verstreut werden.
Am äußeren Rand befinden sich die weißen Zungenblüten, die man leicht mit echten Blütenblättern verwechselt. Sie locken die Insekten an und können unterseits zartrosa oder purpurn gefärbt sein. Davon stammt das alte Märchen, dass sich Gänseblümchen manchmal schämen.
Der Vorteil des Blütenkorbs ist seine Auffälligkeit. Würde jede dieser einzelnen winzigen Blütchen auf einer eigenen Pflanze wachsen, würde sie von keinem einzigen Tier beachtet werden.

BASTELN

GÄNSEBLÜMCHENSTEMPEL

Alter: ab 3 Jahren
Material: Gänseblümchen (oder Margeriten), Stempelkissen, Papier

Gänseblümchenblüten mit dem Blütenköpfchen in ein Stempelkissen drücken und stempeln!
Die spiralförmige Anordnung der Blütchen wird so sehr deutlich.
Die Stempelbilder können auch farbig zu Mustern (Figuren, Spiralen ...) zusammengestellt werden.
Hinweis: Mit Margeriten werden die Stempel noch größer und schöner.

Spiel

ORAKELZUPFSPIEL

Gänseblümchenblüten werden gern als Zukunftsdeuter verwendet – ob es nun stimmt oder nicht: Kinder spielen solche Orakel jedenfalls sehr gerne.

Alter: ab 3 Jahren
Material: Gänseblümchenblüten (oder Margeriten)

Die weißen Zungenblüten der Gänseblümchenblüte werden der Reihe nach ausgezupft und dazu jeweils die Orakelworte gesprochen.
Bei den feinen Zungenblüten erfordert das ganz schön viel Fingerspitzengefühl.
Das letzte Blütchen entscheidet, je nach Befragung, über Liebe, Beruf oder gar Jenseits.
Hinweis: Kleinere Kinder können dafür auch Margeriten nehmen. Da geht das Auszupfen leichter.

Einfaches Liebesorakel

(besonders für kleine Kinder geeignet)

Er liebt mich, er liebt mich nicht,
er liebt mich ...

Liebesorakel

Er liebt mich von Herzen,
mit Schmerzen, über alle Maßen,
ganz rasend, ein wenig
oder gar nicht ...

Berufsorakel

Kaiser, König, Edelmann,
Bürger, Bauer, Bettelmann,
Schuster, Schneider, Leinenweber,
Kaufmann, Doktor, Totengräber ...

Jenseitsorakel

Himmel, Hölle, Fegefeuer ...

Basteln – Kunst

GÄNSEBLÜMCHENKUNST

Aus Gänseblümchenblüten und Stängeln lassen sich viele Dinge basteln. Der Stängel hat gut brauchbare Eigenschaften: Er ist sehr fest und stabil, lässt sich gut stecken und ist biegsam ohne zu zerbrechen. Der oberste Stängelteil ist außerdem innen hohl, sodass sich die Stängel gut ineinander stecken lassen.

Alter: ab 4-5 Jahren
Material: viele Gänseblümchenblüten samt Stängel, Nadel

- **Steckmuster:** Gänseblümchenstängel lassen sich besonders gut in den Sand stecken. Im Team lassen sich die schönsten Steckmuster basteln: Spiralen, Sonne ...

- **Gänseblümchenkranz:** Gänseblümchen samt Blütenstängel pflücken. In die Mitte des Stängels ein Loch mit dem Fingernagel ritzen. Durch dieses Loch den nächsten Blütenstängel ziehen. So immer weiter entstehen lange Blütenketten, die sich zu Kränzen schließen lassen.

- **Gänseblümchenring:** Ein schönes Gänseblümchen samt langen Stängel pflücken. Mit einer Nadel von oben nach unten das gelbe Köpfchen und den Stiel durchstechen. Den Stängel durch die vorgestochene Röhre bohren. Über den Ringfinger streifen.

- **Gänseblümchenkette:** Viele Gänseblümchen samt Blütenstängel pflücken. Wie beim Fingerring das gelbe Körbchen von oben nach unten durchbohren und den Stängel in den vorgestochenen Kanal stoßen. Der Stängel sollte im Körbchen so wenig wie möglich hervorstehen. Mit dem Stängel einer ebenfalls vorgelochten Blume durch den Ring fahren. Den Ring wiederum von unten nach oben durch das Körbchen stoßen. So lange Ring an Ring hängen, bis die Kette lang genug ist.

- **Gänseblümchenkreuz:** Für ein Gänseblümchenkreuz werden 3 Gänseblümchen samt Stängel benötigt. Ein Gänseblümchen samt Stängel durch den Schlitz eines langen Gänseblümchens führen. Dann in den extrem gekürzten und daher hohlen Stängelteil eines anderen Gänseblümchens stecken. Ein ganzer Zwergenfriedhof kann so in einer Sandkiste gestaltet werden.

- **Gänseblümchenwunder:** Hier darf geschwindelt werden!
  Das gelbe Köpfchen wird mit einer Nadel von unten nach oben durchstochen. Der Stängel wird von unten nach oben in den vorgestochenen Kanal gezogen. Wird der Stängel ganz durchgezogen, sieht es aus, als ob er direkt aus dem gelben Körbchen wachsen würde.
  Variante: Dazu wird ein Gänseblümchen mit einem möglichst festen, langen Stängel benötigt. Auf diesen werden ein oder mehrere Gänseblümchenköpfe gesteckt. Das Ergebnis sind 2-fach, 3-fach oder Mehrfach-Schwindelwunderblumen.

- **Gänseblümchenkobold:** Hier werden noch zusätzlich herzförmige Blätter (am besten ein festes Blatt, z. B. von Zimmerpflanzen, Stechpalme, Efeu) mit einem langen Spitz benötigt. Mit einer Nadel an der gewünschten Stelle Löcher für Augen, Nase und Mund bohren. In die Löcher 2 Gänseblümchenblüten als Augen, 1 Blüte als Nase und einen Stängel als Mund stecken. An der Spitze des Kobolds einen Faden befestigen. Viele solcher Kobolde können einen Zweig, eine Girlande oder ein Mobile gestalten. Auch getrocknet sehen diese Gänseblümchenkobolde noch lustig aus.

Gänseblümchenwagen

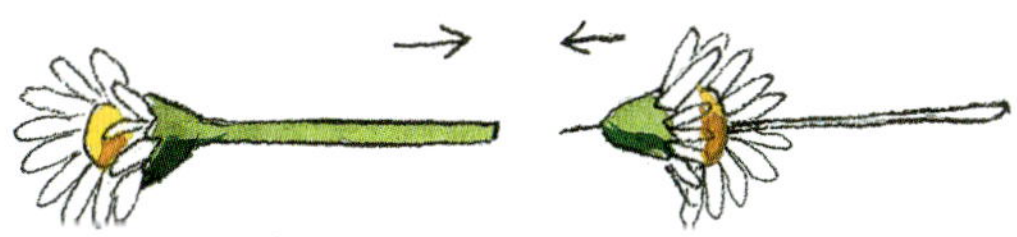
Radachse

Gänseblümchenkobold

Gänseblümchenkreuz

Gänseblümchenkette

Warum alle Gänseblümchen auch ein wenig rosenfarben sind (trad.)

Es war einmal ein kleines Gänseblümchen, das mitten in einem Rasen wuchs. Rings um den Rasen standen viele schöne Blumen: rote und gelbe Tulpen, üppige Pfingstrosen, Nelken, Rittersporne und Stiefmütterchen – und alle diese Blumen waren stolz darauf, so schön zu sein.

„Ich bin die Schönste", sagte eine feurige, rote Tulpe. „Nein, ich bin es!", sagte eine andere. „Und wir, sind wir nicht aus purem Gold?", riefen die gelben Tulpen. „Wir sind die größten!", erklärten die Pfingstrosen. „Und wir, wir tragen die Farbe des Himmels", ereiferten sich die Rittersporne. „Riecht ihr nicht unseren Duft?", seufzten die Nelken. „Bewundert unsere Farben!", schrien die Stiefmütterchen. Und alle Blumen, die sich stritten, schwankten aufgeregt hin und her, streckten ihre Stängel in die Höhe, schüttelten ihre Blumenkronen und blähten sich auf.

Da schlug die rote Tulpe vor: „Die Sonne, sie soll entscheiden, wer von uns die Schönste ist." Und schon riefen alle miteinander zum Himmel empor: „Sonne, Sonne, du unsere Königin, sag, welche von uns ist die Schönste?" Und die Sonne neigte sich ein wenig herab, um besser sehen zu können, und dann lächelte sie und sagte: „Ich finde euch alle sehr schön. Aber das Gänseblümchen dort finde ich am schönsten, denn es hat ein kleines, goldenes Herz!"

Als das Gänseblümchen dies hörte, lief es vor Freude ganz rosenfarben an. Und seit jenem Tage sind alle Gänseblümchen auch ein wenig rosenfarben, zumindest unterseits.

SCHLAFENDE BLÜMCHEN

Wie schon ein altes Kinderlied „Die Blümelein, sie schlafen" sagt, gehen Gänseblümchenblüten am Abend schlafen. Bei Dämmerung beugen sich die weißen Zungenblüten wie auf Kommando über die gelben Röhrenblüten und das Blütenkörbchen ist bis in den frühen Morgen verschlossen und nach unten gebeugt. Erst im Laufe des Vormittags öffnet es sich wieder – außer wenn es regnet!
Bei Regen versäumt es ja auch nichts, denn da verstecken sich die Insekten ohnehin!

RASENMÄHERPFLANZE

Vor einigen hundert Jahren, also im Mittelalter, war das Gänseblümchen noch eine seltene Pflanze. Damals gab es auch noch keine Rasenmäher und daher auch keine Rasen. Erst in der Neuzeit, mit der Errichtung der englischen Parks und der bahnbrechenden Erfindung des elektrischen Motors um 1900, damit auch des Rasenmähers, wurde es zur Massenpflanze.
Gänse, Rasenmäher oder Fußballspieler können diesem Rasenblümchen nichts anhaben. Die kleinen Blütensonnen werden zwar immer wieder verspeist, geköpft oder zertrampelt, die Blätter aber, die flach als Rosette am Boden liegen, werden nicht erreicht. Und daraus kommen unermüdlich neue Blüten. Die Pflanzen verzweigen sich außerdem umso mehr und bilden zusätzliche Blattrosetten mit neuen Blüten.

EXPERIMENT

TAG ODER NACHT

Woher weiß das Gänseblümchen, ob es Tag oder Nacht ist?
Die Antwort scheint einfach: weil es am Tag hell ist und in der Nacht dunkel. Ob das wirklich der Grund ist, können die Kinder leicht überprüfen ...

Alter: ab 5 Jahren
Material: Blumentopf mit Erde, blühende Gänseblümchenpflanze

Die Kinder graben ein Gänseblümchen aus und setzen es in einen Blumentopf. Der Topf wird ins verdunkelte Zimmer gestellt und die Blüten beobachtet.
Die Kinder werden sehen: Ganz gleich wie hell oder dunkel es ist, öffnet und schließt das Gänseblümchen seine Blüte zur gleichen Zeit wie die anderen Gänseblümchen im Garten. Es hört auf seine innere Uhr und faltet zur gewohnten Zeit seine Blüten zusammen.
Übrigens: Bei uns ist das genauso, wenn die Uhr von Sommer- auf Winterzeit (oder umgekehrt) umgestellt wird: Wir werden zur gleichen Zeit hungrig oder müde, obwohl es nach der Uhr erst eine Stunde später (oder früher) an der Zeit wäre.

EXPERIMENT

SCHERENMÄHER

Alter: ab 6 Jahren
Material: Blumentopf mit Erde, Gänseblümchenpflanze, Schere

Kinder graben ein blühendes Gänseblümchen aus und setzen es in einen Blumentopf. Mit einer Schere machen sie den Rasenmäher nach: Sie schneiden das obere Drittel der ganzen Pflanze ab. Die Anzahl der geköpften Blüten und Blätter wird dabei notiert.
Nun wird die Pflanze weiter gegossen und beobachtet. Wie verändert sie sich? Bildet sie neue Blüten oder Blattrosetten aus? Werden die Blüten mehr?
Hinweis: Den Blumentopf ins Freie stellen, das Zimmerklima behagt Gänseblümchen auf die Dauer nicht.

BEWEGUNGSSPIEL

GÄNSEBLÜMCHENSCHMÄHS

Hinweis für „Nicht-ÖsterreicherInnen": Ein Schmäh ist ein charmanter, etwas unsinniger Scherz!

Alter: ab 3 Jahren
Material: Gänseblümchenwiese

Schmäh 1: Der Frühling ist gekommen, wenn ein Kind es schafft, mit einem Fuß gleichzeitig auf 3 Gänseblümchen zu treten.
Schmäh 2: Der Sommer ist gekommen, wenn ein Kind sogar 7 Gänseblümchen mit einem Fuß abzudecken vermag.

BEWEGUNGSSPIEL

NICHT DAS GÄNSEBLÜMCHEN BERÜHREN

Allen, die Pippi Langstrumpf kennen, wird dieses etwas abgeänderte Spiel bekannt vorkommen!

Alter: ab 4 Jahren
Ort: dichter Gänseblümchenrasen

Kinder versuchen von einem Ort zum andern zu gelangen (z. B. von einem Baum zum andern), ohne auf ein einziges Gänseblümchen zu treten.
Hinweis: Dieses Spiel macht nur wirklich Spaß, wenn der Rasen sehr dicht mit blühenden Gänseblümchen bestückt ist.

ALLHEILMITTEL

Gänseblümchen können viele „Wehwehchen" wie Husten oder Appetitlosigkeit heilen. Sie reinigen das Blut und stärken Magen, Galle und Leber. Um den Johannistag (24. Juni) soll das Gänseblümchen besonders reich an heilenden Stoffen sein.

SPIEL – FÜHLEN – SCHMECKEN

GÄNSEBLÜMCHENARZT

Kinder können selbst (evtl. mit Hilfe eines Erwachsenen) ganz einfache Heilmittel aus Gänseblümchen zubereiten und Arzt spielen ...

Alter: ab 4 Jahren

- **Gänseblümchenpflaster**
  Ein Gänseblümchenblatt frisch zerreiben, auf die Wunde legen. Bei Insektenstichen wird die Schwellung zurückgehen, bei Aufschürfungen wird der Schmerz nachlassen!
- **Gänseblümchenumschlag**
  Bei Verstauchungen hilft ein Umschlag aus Gänseblümchenblättern.
- **Gänseblümchenhustensirup**
  Saft aus blühenden Gänseblümchen pressen (am besten dazu einen Mörser verwenden), mit Honig süßen und frisch löffeln. Bei Husten wird sich der Schleim besser lösen.
- **Gänseblümchenallheiltee**
  Frische oder getrocknete Gänseblümchenblätter und Blüten mit heißem Wasser überbrühen. Dieser Tee hilft bei Frühjahrsmüdigkeit, Husten, Nieren- und Blasenbeschwerden.
- **Gänseblümchensalat**
  Gänseblümchenkraut klein hacken und einen Salat bereiten. Dieser Salat erneuert das Blut und lässt wieder frisch fühlen.
- **Gänseblümchenheilkranz**
  Kranken legte man früher einen Gänseblümchenkranz unter das Kopfkissen. Sie sollen dann schneller gesund geworden sein.

Bella, das kleine Gänseblümchen

(Evamarie Taferner)

In einer hellen Frühlingsnacht steckte Bella, die Kleinste der Gänseblümchenfamilie, ihr Köpfchen aus dem Moos empor. Alle ihre Geschwister hatten die schützende Rasendecke verlassen und ihre Blütenknospen dem Sonnenlicht entgegen gestreckt.
Aber Bella hatte noch nicht den Mut gefunden sich der Sonne zu stellen.
Viele Tiere hatten sie gewarnt vor ihr. Da war der Regenwurm, der meinte, Bella würde vertrocknen, die Schnecke, die vor Angst ihr Haus mit sich trug, der Maulwurf, der gar erklärte, dass die Strahlen der Sonne sie erblinden ließe. Auch die Erdkröte warnte vor der sengenden Kraft der Sonne und lobte den Regen.
Nur die Haselmaus widersprach kichernd, als sie aus ihrem Winterquartier schlüpfte, weil sie Hunger verspürte: „Lass dir nichts vormachen, die Sonne verschafft uns Wärme und Nahrung."
Gestern sah Bella einen Zitronenfalter aus dem Laub kriechen. Er putzte seine Fühler, streckte seine zarten Beinchen und faltete seine Flügel vorsichtig auf und zu.
„Ich will der Sonne entgegen fliegen", flüsterte er, „ich kann es nicht mehr erwarten, sie zu sehen!"
Er breitete seine gelben Flügel aus und erhob sich noch zittrig in die Lüfte. „Nur Mut, Bella", rief er ihr von oben zu.
Da sammelte sie ihre ganzen Kräfte und schob sich aus dem wuchernden Moos hervor.
Durch die Blattrosetten der Mutter und Geschwister fühlte sie sich beschützt.
Ganz langsam öffnete sie die grünen Kelchblätter und eine rosa Knospe zeigte sich. Aber als sie die Rufe der anderen Blumen hörte: „Seht, die Sonne ist da, wie herrlich sie leuchtet!", da fasste sie Mut und schlug ihren Blütenkranz zurück. Weit öffnete sie ihr kleines Gesicht, um die Sonne zu sehen.
„Wie schön sie ist", stammelte Bella. Sie konnte nicht genug von ihrem Glanz in sich aufnehmen. Rund um sie bemerkte sie jetzt erst die vielen Gänseblümchenfamilien im Rasen stehen, die ihre Gesichter strahlend der Sonne zuwandten.
Als der Zitronenfalter an ihr vorüber gaukelte und sie fragte: „Bist du glücklich, kleine Träumerin?", nickte sie ihm selig zu.
Aber Bella wusste noch so wenig vom Leben über der Erde.
Die ersten Bienen umsummten sie und kitzelten sie bei ihrem Verweilen. Vor der großen, schwarzen Hummel erschrak sie. Die Ameisen liefen geschäftig um sie her und auch die Schnecke zog durch den kühlen Morgentau mit ihrem Haus am Rücken an ihr vorbei.
Das kleine Gänseblümchen hatte noch keine bösen Erfahrungen gemacht, das neue Leben bereitete ihr nur Freude. Die Geschwister umringten es, die Erde gab ihm durch die Wurzeln Nahrung und die Sonne wärmte es. Aber dann wurde sie traurig, als sie gegen Abend schwächer und schwächer wurde.

„Morgen kommt die Sonne wieder, Bella“, tröstete die Mutter, „ihr müsst nun zum Schutz in der Nacht eure Blüten schließen, meine Kinder!“
Voll Hoffnung auf den morgigen Tag schloss Bella ihre Blütenstrahlen glatt und ordentlich. Da hörte sie noch das abendliche Danklied der Amsel, hoch oben vom Baum.

BLÜMCHENKÜCHE

Gänseblümchen sind die ersten Blumen, die Krabbelkinder kennen lernen. Ohne Gefahr können sie die Blüten nicht nur begreifen und abzupfen, sondern auch in den Mund stecken und das süße nussartige Aroma kosten. Beinahe jeder Teil des Gänseblümchens ist essbar. Nur die Stängel sind etwas hart und die Wurzel ist zäh.
Gänseblümchenblüten sehen außerdem auch hübsch aus. Salate, Suppen oder Butterbrote lassen sich damit verzieren. Und was das Tollste ist: Die vielen Rasen sind Gänseblümchens „Anbaugebiet" und so ist es fast das ganze Jahr über zu ernten!

SCHMECKEN

KOCHEN MIT GÄNSEBLÜMCHEN

Sammeltipps

- Die Blüten sollten an einem sonnigen Tag gesammelt werden, weil sie im geöffneten Zustand hübscher aussehen.
- Blüten und Blätter immer frisch verwenden. Getrocknet schmecken sie fade.
- Der Sammelstandort sollte weit genug von einer Straße oder einem Hundeklo entfernt sein.
- Am besten schmecken die jungen hellgrünen Blättchen und die frischen Blüten.

GÄNSEBLÜMCHENSALAT

Zutaten: Gänseblümchenblüten und -blätter, grüner Kopfsalat, Essig, Öl, Salz

Grünen Salat zubereiten, klein geschnittene Gänseblümchenblätter darunter mischen und mit Gänseblümchenblüten verzieren.

KANDIERTE GÄNSEBLÜMCHENBLÜTEN

Zutaten: Gänseblümchenblüten, 100 g feiner Zucker, 100 g Gummiarabicum-Pulver (aus der Apotheke)

Gummiarabicum mit einem EL Wasser leicht verrühren. Blüten von allen Seiten sorgfältig mit dieser Mischung bepinseln und mit Zucker bestreuen.
Die Blüten auf ein mit Zucker bestreutes Backpapier legen.
Von Zeit zu Zeit immer wieder wenden, bis sie ganz trocken sind. Das dauert einige Tage.
Das Ergebnis sieht aus wie Gänseblümchen im Raureif.

BLÜTENBROT MIT STECKMUSTER

Zutaten: Schwarzbrot, Butter, Gänseblümchenblüten

Eine Scheibe Schwarzbrot mit Butter bestreichen. Gänseblümchenblüten mit kurzem Stängel in gewünschtem Muster (Streifen, Name, Herz, Blume) auf dem Brot aufstecken.

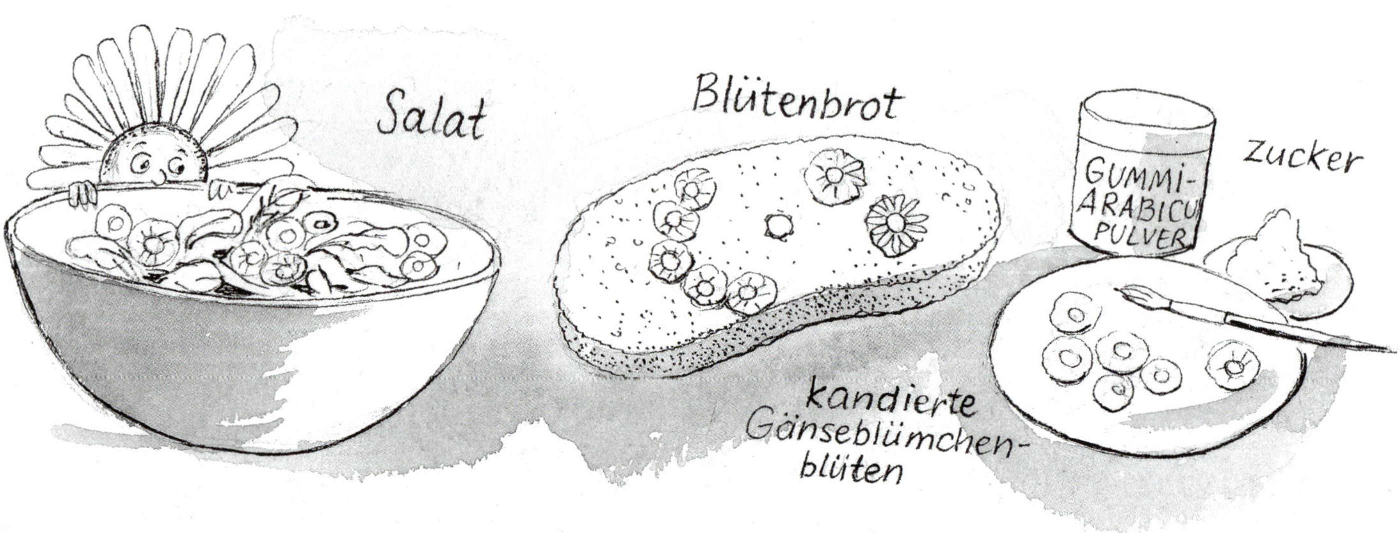

RASENUNKRAUT??

Alle Pflanzen, die sich im Rasen von allein ansiedeln, werden ungerechterweise als „Rasenunkräuter" bezeichnet. Jedes dieser Rasenunkräuter hat eine eigene Taktik, an neue Orte zu gelangen. Beim Gänseblümchen ist es die Anhänglichkeit seiner feuchten Samen an Schuhsohlen oder Ähnlichem. Daher befinden sich Gänseblümchen immer dort, wo auch viele Menschen sind.
Für viele Rasenbesitzer sind Gänseblümchen die ärgste Plage. Sie möchten doch einen saftig grünen, glatten, kurz geschnittenen Teppichboden. Da sich die Gänseblümchen durch den Rasenmäher noch vermehren, greifen sie zu giftigen Unkrautvertilgungsmitteln.
Dabei ist ein Rasen voller Gänseblümchen doch viel hübscher als ein grasgrüner „Gartenzwergteppich", noch dazu wo man mit Gänseblümchen spielen und sie auch essen kann! Das geht mit Gras nicht!

EXPERIMENT

PROFILREINIGUNG

Alter: ab 4 Jahren
Material: Schuhe mit grobem Profil, Blumentopf mit Erde

Die Kinder gehen ausgerüstet mit Turnschuhen oder Gummistiefeln, die grobes Profil haben, auf einem Gänseblümchenrasen spazieren (am besten, wenn der Rasen noch nass ist).
Danach findet eine „Profilreinigung" statt: Die Kinder befreien mit kleinen Ästchen o. Ä. den Schmutz von der Sohle und geben die Reste in einen Blumentopf mit Erde. Dann wird noch etwas Erde darauf gegeben und fleißig gegossen!
Nach ca. 1 – 2 Wochen werden die ersten Pflänzchen austreiben – sicher sind Gänseblümchen dabei!

TIPPS UND TRICKS FÜR DEN EIGENEN GARTEN

- Gänseblümchen wachsen auf jedem Rasen, sofern er nicht zu schattig und nass ist.
- Rasen werden umso dichter mit Gänseblümchen übersät, je öfter gemäht wird. Hier vermehren sie sich hauptsächlich aufgrund von Ausläufern.
- Gänseblümchen blühen fast das ganze Jahr über. Nur im Hochsommer und in den kältesten Wintermonaten ist Blühpause. Die Hauptblütezeit ist Mitte April bis Mitte Mai.
- Im Frühjahr bieten Gärtnereien die Zuchtform des Gänseblümchens, das Maßliebchen oder Tausendschönchen, in verschiedensten Farben, Größen und Formen an.
- Gänseblümchen sind Wildpflanzen, die gut im Blumentopf wachsen. Die kompakten Büschel lassen sich gut mit einer Grabgabel samt dem Wurzelstock aus der Erde nehmen.
- Je nach dem, wo Gänseblümchen wachsen, können sie ganz unterschiedlich aussehen: Auf mageren Stellen bleiben sie klein, in Wiesen dagegen wollen sie hoch um zum Licht zu kommen, in kurz geschnittenen Rasen sind sie viel verzweigt und ebenfalls sehr kurz.

GÄRTNEREI

GÄNSEBLÜMCHENHERZ

Den Gänseblümchen wird Liebe gezeigt und sie antworten mit noch größerer Liebe – mit ihrer Vermehrung! Für alle, die keine oder zu wenig Gänseblümchen in ihrem Garten haben!

Alter: ab 4 Jahren
Material: Gänseblümchenpflanzen, kleiner Spaten

Eine kleine Stelle im Garten auswählen, die sowohl sehr sonnig als auch nicht zu feucht ist (Gänseblümchen mögen keine moosigen Böden).
Rasenziegel so ausheben, dass eine herzförmige Erdstelle entsteht.
Dort werden die Gänseblümchen eingesetzt.
In der ersten Zeit fleißig gießen, bis sich die Blümchen angewurzelt haben.
In weiterer Zeit häufig mähen, damit das Herz immer größer wird ...

LÖWENZAHN – PUSTEBLUME

Jeden April erfreuen uns in der Landschaft die blühenden Obstbäume und gelb gefärbten Wiesen. Gerade diejenige Wiesen, die sonst das ganze Jahr über eintönig grün sind, überraschen in dieser Zeit mit ihrer Farbe: es sind die stark gedüngten, auf denen sich Löwenzähne besonders wohl fühlen. Kaum eine andere Blütenpflanze ist so vielseitig und häufig wie der Löwenzahn: Zuerst die leuchtendgelbe Sonne, die zum Basteln einlädt, später die kugelrunde, flaumige Pusteblume, deren Fallschirmsamen sich so schön wegblasen lassen und zu guter Letzt der originelle Glatzkopf.

Steckbrief

Blüte:
Blütenkorb mit gelben Zungenblüten

Blatt:
gezackter Blattrand, bilden Blattrosette, Milchsaft

Stängel:
hohl, mit Milchsaft, in einer Blüte endend

Frucht:
Pusteblume
bis zu Hunderten von Fallschirmsamen

Wurzel: Pfahlwurzel, kann bis 2 m in den Boden reichen

Was ist noch besonders?
- essbar, leicht bitter schmeckend
- Samenverbreitung: Wind
- unterschiedliches Aussehen

Wann zu finden?
- Blüte ab Mitte April,
- Pusteblume ab Anfang Mai

Wo zu finden?
Rasen, Wiesen, Weiden, Wegränder, Gärten

Das Märchen vom Löwenzahn

(Evamarie Taferner)

Vor vielen Jahren lebte ein reicher Kaufmann allein mit seinen drei Töchtern. Sie wohnten in einem schönen Haus auf einem Hügel inmitten grüner Wiesen.
Die drei Mädchen waren seine ganze Freude. So viel es seine Zeit zuließ, beschäftigte er sich mit ihnen und sie waren ihm dafür sehr dankbar.
Eines Tages aber musste er sich auf eine lange Reise begeben. Traurig fragte er seine Töchter, was er ihnen wohl von seiner Reise, die nach Afrika führte, mitbringen könnte?
Nach einigem Nachdenken meinte die älteste: „Vater, ich hätte gerne ein so schönes Kleid, wie es die Königin von Saba bei ihrem Besuch bei König Salomo getragen hat."
Der Vater lächelte erstaunt und nickte.
Die zweite hatte schon ihren Wunsch bereit: „Ich möchte eine Flöte, mit der ich alle Vogellaute so spielen kann, dass selbst die Vögel nicht erkennen, dass ein Mensch mit ihnen jubiliert."
Das gefiel dem Vater sehr. „Und nun du, meine Kleine, was wünschst du dir?"
„Was soll ich mir wünschen, ich habe doch alles, wenn nur du bei uns bist!"
Den Vater rührte diese Antwort sehr, aber er musste ihr diese Bitte abschlagen.
So ging die Rede hin und her und endlich, mehr im Scherz als im Ernst, rief seine Jüngste: „So bring mir doch einfach ein paar Zähne von einem Löwen mit, Vater, vielleicht findest du welche in der Steppe!" Da schüttelte der Vater verwundert den Kopf.
Kaum hatte er seine Aufgaben im fernen Land erfüllt, hielt er Ausschau nach wundersamen Flöten und königlichen Kleidern. Es gelang ihm, das Gewünschte zu finden. Nur Löwenzähne konnte ihm niemand beschaffen. Was sollte er mit einem Stoßzahn eines Elefanten oder dem Horn eines Nashorns?
So zog er traurig mit seinem Kamel in die felsige Wüste. Er hoffte wohl, einem Löwen zu begegnen? Umsonst!
Schon am Rückweg, sah er in der Ferne eine Gestalt, mehr ein Bündel, am Wegrand liegen. Ein alter Mann mit eisgrauem Bart, schon am Verdursten, lag zwischen Disteln und Dornen. Der Kaufmann stärkte ihn aus seiner Wasserflasche. Als der Alte getrunken hatte, erzählte er stammelnd, dass er als Eremit in einer Höhle lebe und sich sein Wissen um die heilenden Kräfte der Wüstenpflanzen zu Nutze mache. Er bereite Arzneien und Salben, die er in der nächsten Stadt verkaufe. Am Heimweg sei er im Dunklen gestürzt und verletzt liegen geblieben. Kein Mensch sei bis jetzt des Weges gekommen.
Der Kaufmann war ein guter Mensch. Er lud den Einsiedler auf sein Tragtier und geleitete ihn zu seiner Behausung.
Er blieb auf seine Bitten einige Tage bei ihm, bis er mit Hilfe seiner Salben und Elixiere seine Verletzungen geheilt hatte. Als ihm der Kaufmann von seinen Töchtern und ihren Wünschen erzählte, meinte der weise Mann:
„Du hast kluge Töchter, aber die Jüngste hat sich das Kostbarste gewünscht, das ist die Zeit! Die Zeit, die du mit ihr verbringst. Zum Dank, dass du mein Leben gerettet hast, will ich

dir auch ein Säckchen mit Zähnen von Löwen für sie mitgeben. Zermahlen zu Pulver verleihen sie große Kraft."

Reich beschenkt verließ der Kaufmann den Einsiedler mit frohem Herzen.

Herbst war es geworden, als endlich der Vater heimkehrte.

Seine Jüngste lief ihm als Erste jubelnd entgegen. Sie umarmte und küsste ihn und sprang um ihn her. Dabei flog die Tasche mit dem kostbaren Geschenk des Eremiten in weitem Bogen in die Wiese und rollte den Hügel hinunter, alle Zähne verstreuend. So viel sie auch suchten, sie fanden keinen mehr.

Der Vater war traurig, doch das Mädchen lachte: „Ich habe doch meine eigenen Zähne, was brauche ich die eines Löwen?"

Als aber der Frühling einzog, standen auf der sonst eintönig grünen Wiese leuchtend gelbe Sterne, die mit gezahnten Blättern aus der Erde stachen.

„Komm, Vater!", rief das Kind, „wir wollen uns dein Geschenk ansehen! Siehst du die Löwenzähne auf unserer Wiese blühen?"

Die Pflanze, in der die Kraft eines Löwen steckt, vermehrte sich von Jahr zu Jahr und bildete einen gelben Teppich zu Füßen der glücklichen Mädchen.

WARUM DER LÖWENZAHN SO HEIẞT

Das Löwengelb seiner Blüten und die spitzen Zähne der Blätter haben wahrscheinlich zu seinem Namen geführt. Er hat aber noch unzählige andere Namen: Pusteblume und Laterne wegen der wolligen weißen Samenkugel, Ringelblume oder Kettenkraut von den Dingen, die sich aus Löwenzahn basteln lassen, Kuh- und Saublume von den Tieren, die ihn gerne fressen ...

SPRACHSPIEL

NAMENSFINDUNG

Alter: ab 5 Jahren

Kinder denken sich einen Namen für den Löwenzahn aus, der möglichst viele seiner Merkmale und Eigenschaften verbindet. Besonders eignen sich dafür zusammengesetzte Hauptwörter.
Der kleinen Anna ist schon etwas eingefallen:

Anna und der Löwenzahn (Herta Wierer)

„Warum hat man dich Löwenzahn genannt?", fragte die kleine Anna und schaute auf die Blume in ihrer Hand. „Zahn würde ich dich niemals nennen. Ich finde, Zähne sind furchtbar blöd. Zuerst hast du keine ... dann bekommst du welche, und das tut weh, hat meine Mama gesagt. Später fallen diese wieder aus, und bis endlich neue nachwachsen, das dauert lange. Die Zähne muss man dann auch jeden Tag mehrmals putzen – sonst werden sie faul.

So ein dummer Name – Löwenzahn – wo du immerzu anders aussiehst. Ich würde dir im Frühling den Namen ZACKENBLATT geben, im Sommer SONNENRAD, dann FLAUMHAAR und am Ende – GLATZKOPF.
Oder möchtest du lieber einen einzigen Namen haben?
Wie wäre es mit:
ZACKEN-SONNEN-FLAUM-GLATZKOPF?"

GELBES NADELKISSEN

Die leuchtend gelbe Löwenzahnblüte besteht in Wirklichkeit aus vielen kleinen Blüten auf einem Blütenboden, wie Stecknadeln auf einem Nadelkissen. Jede einzelne Blüte besitzt nur ein einziges Blütenblatt, das wie eine lange, gelbe Zunge aussieht. In jeder Blüte gibt es ein wenig süßen Saft, den Nektar, mit dem die Bienen angelockt werden. Die Blüte ist außerdem essbar und so manche Leckerei lässt sich daraus zaubern.

SCHMECKEN

PIKANTE UND SÜẞE BLÜTEN

Aus den Blüten lässt sich leicht süßer Honig oder Marmelade bereiten – und wie wäre es mit Pikantem?

Hinweis: Löwenzahnblüten sofort nach dem Sammeln verarbeiten!

BLÜTENKNOSPENGEMÜSE

Zutaten: 200 g Löwenzahnblütenknospen, 1 EL Butter, Salz, Pfeffer

Löwenzahnblütenknospen sammeln, die noch hellgrün und fest geschlossen sind.
Die Köpfchen waschen und mit der Butter in einer Pfanne ca. 10 min. dünsten, bis sie weich sind. Mit Salz und Pfeffer würzen.

LÖWENZAHN-BLÜTENHONIG

Löwenzahnhonig schmeckt fast wie echter Bienenhonig

Zutaten: 100 g Löwenzahnblüten ohne Hüllblätter, 1/2 l Wasser, 500 g Zucker, Saft von 2 Zitronen

Blütenkörbchen teilen, Blüten herausstreifen (die äußeren Hüllblätter schmecken bitter), im Wasser 6 Minuten durchkochen, abseihen und ausdrücken.
Den gewonnenen Saft in ca. 25 Minuten mit Zucker sprudelnd bis zur Sirupdicke einkochen, heiß in Gläser füllen

LÖWENZAHN – MARMELADE:

Zutaten: 300 g Löwenzahnblüten ohne Hüllblätter, 1 1/2 l Wasser, 125 g Gelierzucker, Saft von 1 Zitrone

Blütenkörbchen teilen, Blüten herausstreifen und in 1 1/2 kaltes Wasser geben. Das Wasser zum Kochen bringen und 6 Minuten durchkochen. Abseihen und ausdrücken.
Den erkalteten Saft mit Gelierzucker und Zitronensaft zum Kochen bringen. 4 Minuten sprudelnd kochen. Marmelade heiß in Gläser füllen.

BASTELN

SONNENBRILLE & PUDERQUASTE

Alter: ab 4 Jahren

SONNENBRILLE

Material: 2 lange Löwenzahnstängel mit Blüte, 1 Stängel ohne Blüte

In den Stängel ohne Blüte mit dem Daumennagel zwei kleine Schlitze machen, die anderen Stängel bis zum Köpfchen durch diese Schlitze ziehen.
Die Kinder können diese Sonnenbrille aufsetzen. Sie ist zwar nicht durchsichtig, aber jedenfalls ein guter Sonnenschutz und sieht sehr „cool" aus.

PUDERQUASTE

Material: Löwenzahnblüten mit Stängel

Blütenkörbchen als Puderquaste verwenden und sich ein bisschen gelblich einpudern!
Hinweis: Nichts für Löwenzahn-allergische Kinder!

STROHHALM MIT MILCHSAFT

Der Löwenzahnstängel ist hohl wie ein Strohhalm. Beim Abreißen des Stängels kommt weißer, klebriger Saft heraus, der wie Milch aussieht. Er ist sehr bitter, ein wenig giftig und macht braune Flecken auf Haut und Kleidung (die sich aber wieder auswaschen lassen). Wegen der leichten Giftigkeit seiner Milch ist er leider nicht als Trinkstrohhalm verwendbar.

EXPERIMENT – BASTELN

EXPERIMENTE MIT LÖWENZAHNSTÄNGELN

Alter: ab 4 Jahren (mit Hilfe eines Erwachsenen)

MILCHSAFT-KLEBER

Der Milchsaft des Löwenzahns kann als Klebstoff-Ersatz verwendet werden. Kleine leichte Blüten (z. B. Gänseblümchen, Augentrost, Wiesenschaumkraut ...) lassen sich auf diese Weise als Ohrschmuck am Ohrläppchen befestigen.

STÄNGEL-KETTE:

Material: Löwenzahnstängel

Das dünnere Ende des Stängels in das dickere hineinstecken. So entsteht ein Ring. Den nächsten Stängel durch den ersten Ring führen und auf die gleiche Art schließen. So können endlos lange Ketten hergestellt werden.

PFEIFCHEN

Ein 4-5 cm langes Stück Löwenzahnstängel pflücken und an einem Ende flachdrücken. Den flachgedrückten Teil in den Mund stecken und kräftig hinein blasen. Es entstehen ganz unterschiedliche Töne, je nach dem wie stark geblasen wird und wie dick der Stängel ist. Dickere Stängel ergeben einen tieferen Ton, dünnere einen höheren.

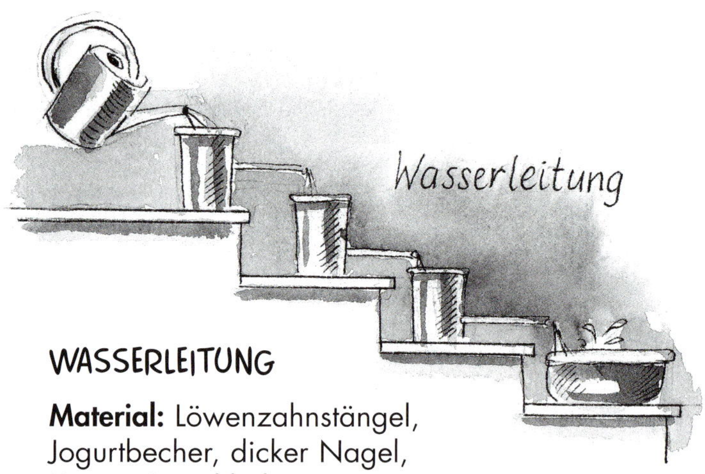

WASSERLEITUNG

Material: Löwenzahnstängel, Jogurtbecher, dicker Nagel, Kerze, Streichholz

Löwenzahnstängel wie Leitungsrohre ineinander schieben, immer das dünnere Ende in das dickere.
In die Becher kurz über dem Boden jeweils mit einem heißen Nagel ein Loch (Ø des Stängels) stechen und die Wasserrohre „anschließen". (s. Abb.)
Die Becher am besten auf einer Stiege abwärts platzieren und mit Wasser füllen. Mit Spannung kann der Weg des Wassers in der Leitung verfolgt werden.

WASSERMÄNNCHEN

Aufgeschlitzte Löwenzahnstängel rollen sich im Wasser ein, weil die Innenseite mehr Wasser aufnehmen kann als die Außenseite und sich dadurch stärker ausdehnt.

Material: Löwenzahnstängel, Gefäß mit Wasser

Stängel ganz oder nur an einem Ende aufschlitzen, sodass dünne Streifen oder Büschel entstehen. Ins Wasser legen und beobachten, wie sich die Stängel verformen und allerlei lustige Gestalt annehmen: Brillen, Locken, Kringel, Männchen, Schnecken, Knochen, Wollknäuel und so weiter.

LECKERES ZACKENBLATT

Löwenzahnblätter haben schöne gezackte Ränder und wachsen nie am Stängel. Sie kommen aus der Wurzel und bilden einen Kreis am Boden, eine Rosette. Solange die Blätter noch jung sind, sind sie essbar. Alte Blätter schmecken bitter und sind zäh. Es ist also besser, diese nicht zu sammeln.
Die Blätter verlieren Bitterkeit, wenn sie 2 Stunden ins kalte Wasser gelegt werden.
Löwenzahnblätter sind sehr gesund: Sie enthalten 3-mal mehr Vitamin C als Kopfsalat, außerdem Vitamin A, sind Vertreiber von Frühjahrsmüdigkeit und haben kräftigende Wirkung.

SCHMECKEN

LÖWENKRAFTSALAT

Zutaten: junge Löwenzahnblätter, grüner Kopfsalat, 1 Apfel, Walnüsse, Essig, Öl, Salz

Junge Löwenzahnblätter pflücken und waschen und mit grünen Salatblättern mischen. Apfel fein schneiden, Walnüsse knacken und beides zum Salat geben.
Mit Salz, Essig und Öl würzen.

KUNST

BLATT-MALEREIEN

LÖWENZAHNBLATT-ABDRUCK

Alter: ab 3 Jahren
Material: Löwenzahnblätter, Papier, Farbstifte oder Wachsmalkreiden

Ein Blatt Papier auf ein Löwenzahnblatt legen und mit einem weichen Farbstift oder Wachsmalkreiden über das Blatt malen. – Es entsteht ein wunderschöner Abdruck!

FÄRBEN MIT LÖWENZAHNBLÄTTERN

Alter: ab 6 Jahren mit Hilfe eines Erwachsenen
Material: 2 Hand voll Löwenzahnblätter, Kochtopf, Sieb, Papier & Pinsel

Löwenzahnblätter klein schneiden und mit 1/2 Tasse Wasser in einem Topf eine halbe Stunde lang kochen. Anschließend durchsieben. – Zunächst ist die Farbe hellgelb, am nächsten Tag wird sie grün.
Das erste Löwenzahnkunstwerk kann nun gepinselt werden!

SIEHST DU DORT DEN LÖWENZAHN!

Text: Evamarie Taferner;
Melodie: Jürgen Geißelbrecht)

Refrain: Siehst du dort den Löwenzahn?
Ach, was der nicht alles kann!
Schön wie er das Grün erhellt
durch sein Köpfchen, goldengelb.

1. Wenn im Frühling in den Hecken
kleine Hasen sich verstecken,
gibt er ihnen, bis sie satt,
gern von seinem zarten Blatt.

2. Auch der Mensch will ihn nicht missen,
hat er doch ein altes Wissen:
Löwenzähne sind der Grund,
dass Tier und Menschen sind gesund

3. Aber selbst noch im Vergehen,
ist er lustig anzusehen.
Kugelrund will er uns zeigen,
wie die Samenschirmchen steigen.

LÖWENWURZEL

Löwenzahnwurzeln sind löwenstark. Sie können sich durch engste Ritzen zwängen und reichen bis zu 2 m tief in die Erde. Das ist auch der Grund, warum Löwenzähnen die Giftspritze nichts ausmacht: Sie treiben von unten wieder munter nach, während die meisten anderen Unkräuter kümmerlich verenden.
Aus den Wurzeln kann auch feiner Kräuterkaffee hergestellt werden. Dieser Ersatzkaffee wurde vor allem nach dem 2. Weltkrieg getrunken.

Spiel – Fühlen

WURZELREKORD

„Hautnah“ die Löwenstärke seiner Wurzeln spüren!

Alter: ab 5 Jahren
Material: Schaufel

Löwenzahnwurzeln ausgraben bedeutet ziemlich viel Arbeit. Sie reißen vor allem sehr leicht ab!
Wer gräbt in 20 Minuten die längste Wurzel aus?

Schmecken

LÖWENZAHNKAFFEE

Zur Belohnung nach der Anstrengung gibt es eine Jause mit Löwenzahnkaffee und Kraftkeksen.

Zutaten: Löwenzahnwurzeln (gewürfelt und getrocknet), Milch, Zimt, Honig

Im Herbst Löwenzahnwurzeln ausgraben (da sind sie weniger bitter), von Schmutz befreien, klein würfeln und trocknen.
Die getrockneten Wurzel-Würfel in einer Pfanne oder auf dem Backblech vorsichtig unter Umrühren rösten und anschließend in einer Kaffeemühle fein vermahlen.
Auf eine Tasse Wasser 1 Teelöffel dieses Pulvers nehmen, kurz aufkochen und nur kurz ziehen lassen.
Am besten schmeckt der Kaffee mit Milch, Zimt und Honig.

VON DER BLÜTE ZUR PUSTEBLUME

Die dottergelbe Blüte gibt es nur wenige Tage. Danach schließt sich der Korb und die gelben Blütchen vertrocknen. Darunter wachsen aber kleine Samen heran. Jeder dieser Samen hat einen Fallschirm aus feinen Haaren. Die vorher weichen, grünen Samen werden mit der Zeit braun und reif. Dann öffnet sich der Korb und es bildet sich eine wunderschöne, große, flaumige Kugel mit unzähligen Samen – die Pusteblume!

KUNST

PUSTEBLUMEN-KRATZBILD

Alter: ab 5 Jahren
Material: Papier, Pinsel, weiße wasserlösliche Wachsmalkreide, schwarze Wachsmalkreide, spitzer Gegenstand z. B. Nagel oder Nadel

Ein Blatt Papier mit weißer, wasserlöslicher Wachsmalkreide dick bemalen. Mit dem Pinsel die Farbe verteilen und trocknen lassen.
Mit schwarzer Wachsmalkreide darüber malen, bis das Blatt ganz schwarz ist.
Mit einem spitzen Gegenstand lässt sich die schwarze Schicht abkratzen und eine wunderschöne Pusteblume nachzeichnen.

VON DER PUSTEBLUME ZUM GLATZKOPF

Auf dem Köpfchen am oberen Ende des Stängels, das wie ein Nadelkissen aussieht, stehen in den kleinen Löchern viele winzige Samen. Wenn die Samen reif sind, lassen sie sich leicht auszupfen oder wegblasen.
Die Samen können durch ihren Fallschirm vom Wind sehr weit getragen werden. Zurück bleibt der leere Blütenboden, der „Glatzkopf".
Außerdem sind am Samenkorn viele kleine Häkchen, die leicht an Menschen und Tieren hängen bleiben und dadurch noch weiter verbreitet werden.

Spiel – Fühlen

PUSTESPIELE

Pustespiele sind im Freien am lustigsten – besonders wenn der Wind ein Schnippchen schlägt!

Alter: ab 3 Jahren

PUSTESPIEL 1:

Eine Pusteblume vorsichtig abpflücken, dicht an den Mund halten und dazu folgendes Gedicht sprechen.

Paule, **P**aule, p**upp**, p**upp**, p**upp**!
Koch mir eine Wassersu**pp**!
Aber nicht zu dick!
Dass ich nicht erstick!

Das **P** muss ganz hart ausgesprochen werden, damit auch wirklich Samen weggeblasen werden. Wer schafft es, die Blume ganz kahl zu blasen?

PUSTESPIEL 2

Material: 1 großer Bogen Papier, Leim oder Kleister, Klebeband

Einen großen Bogen Papier an einer Wand befestigen und mit Leim oder Kleister bestreichen. Die Kinder pusten ihre Pusteblumen gegen die Klebwand hin aus. – Es werden interessante Samenmuster entstehen!

Spiel

PUSTE-ORAKEL

Kindern macht es Spaß herauszufinden, was morgen oder erst in vielen Jahren passieren wird.

Orakel 1 Einen lieben Wunsch ausdenken und auf ein Mal möglichst viele Samen von der Pusteblume wegblasen.
Die Erfüllung des Wunsches dauert so viele Tage, wie Samen auf der Platte stehen bleiben!

Orakel 2 Wer die Pusteblume mit einem Atemzug leer bläst, hat einen Wunsch frei.

Orakel 3 Je nach dem wie viele Flugfrüchte nach dem Pusten übrig bleiben, so viele Kinder wird die Zukunft bringen.

Orakel 4 Samen wegpusten. Ist das Köpfchen, das übrig bleibt, weiß, ist der Weg zur Himmelstüre offen; hat es aber schwarze Flecken, o weh, ist die Hölle nicht mehr weit!

Basteln – Experiment

FALLSCHIRM

Mit einem selbst gebastelten Fallschirm gehen die Kinder der Flugtauglichkeit auf die Spur.

Alter: ab 3 Jahren
Material: quadratisches Tuch (z. B. japanische Papierserviette), feine Schnur, kleines Gewicht (Nagel, Püppchen o. Ä.)

An allen vier Zipfeln des Tuches feine, gleichlange Schnüre anbinden und unten zusammenknoten. An dieser Stelle ein kleines Gewicht (Nagel, Püppchen o. Ä.) befestigen.
Von einer Anhöhe fliegen lassen.
Hinweis: Das Verhältnis von Tuch und Gewicht muss aufeinander abgestimmt werden. – Hier heißt es ausprobieren!

UNKRAUT?

Es gibt keine Unkräuter! Jede Pflanze hat ihren Nutzen, nur ist er bei manchen noch nicht entdeckt worden. Der Löwenzahn kann also gar kein Unkraut sein, denn er ist vielerlei nützlich. Löwenzähne werden auch gerne von Kühen, Schweinen, Hasen, Meerschweinchen und Schildkröten gefressen.
Wo es dem Löwenzahn gefällt, geht er nicht mehr so schnell weg. Selbst aus einem kleinen Wurzelstück, das in die Erde gesetzt wurde, kann eine neue Löwenzahnpflanze entstehen.

Experiment

LÖWENPROBE

Alter: ab 5 Jahren
Material: frisch ausgegrabene Löwenzahnwurzel, Messer, Blumentopf mit Erde

Die Löwenzahnwurzel in kleine Stücke schneiden, in einen Blumentopf geben und mit Erde bedecken. Die Erde feucht halten.
Nach ein bis zwei Wochen werden sich neue, junge Löwenzähne entwickeln.

TIPPS UND TRICKS FÜR DEN EIGENEN GARTEN

- Eine Löwenzahnwiese ist ganz einfach zu bekommen: Auf der gewünschten Wiese einfach viele gesammelte Pusteblumen ausblasen. Wenn es dem Löwenzahn dort gefällt, wird er sich immer stärker vermehren und dem gelben Meer steht nichts mehr im Weg! Dasselbe funktioniert auch bei einem gepflasterten Weg mit kleinen Erdritzen – die Fallschirmsamen finden jedes freie Plätzchen.
- Löwenzahn liebt gedüngte Wiesen. Auf stark gedüngten Wiesen wächst außer Gräsern nur noch Löwenzahn, weil er eine sehr starke Blume ist. Andere Wiesenblumen wie Wiesensalbei, Glockenblumen oder Lichtnelken wird man auf solchen Wiesen nicht finden. Sie sind zu konkurrenzschwach.
- Rasenmäher oder Mähmaschine machen dem Löwenzahn nichts aus. Die Blätter liegen durch ihre Rosettenform flach am Boden, sodass der Mäher höchstens die Blattspitzen erwischt und die Blätter trotzdem weiter wachsen können.
- Löwenzähne sind „Käfersammler": Auf den Blüten lassen sich häufig Unmengen kleiner schwarzer Käfer, die Blütenprachtkäfer, beobachten.

GÄRTNEREI

„UNMÖGLICHE" LÖWENZAHNAUSSAAT

Nichts ist für den Löwenzahn zu schwer!

Alter: ab 4 Jahren
Material: Löwenzahnsamen (Pusteblumen)

Die Kinder suchen sich für die Keimung von Löwenzahnsamen „unmögliche" Plätze aus, z. B. Pflasterfugen, Asphaltritzen, Dachrinnen, Steinmauern ...
Sie blasen die Pusteblumen an solchen Stellen aus und beobachten das Festsetzen der Fallschirme.
Nach ein paar Wochen sehen sie nach, ob es ein Samen geschafft hat – eine kleine hellgrüne Blattrosette mit zackigen Blättern müsste zu sehen sein!

DAS GANZE FRÜHLINGS-AUFGEBOT

Am Anfang stehen die Frühlingsboten noch geduckt, doch mit jedem warmen Frühlingstag trauen sie sich ein Stück weiter heraus und werden immer mehr, bis alles so richtig schön bunt ist.

Die Frühlingsboten haben vieles gemeinsam: Die zwiebel- oder knollenförmige Vorratskammer oder einfach, dass sie nur kurz da sind. Alle müssen sich beeilen, um noch etwas Licht einzufangen. Wenn die Bäume Blätter bekommen und die Wiese so richtig hoch wird, ist Abschiednehmen angesagt. Schnell werden noch die Vorräte für den nächsten Frühling „eingesaugt" und dann verschwindet das ganze Frühlingsaufgebot unter der Erde.

Noch ist es aber nicht so weit, im Garten wimmelt es von Frühlingsboten und alle laden gemeinsam ein zum Genießen, Schmecken, Riechen, Sehen, Hören, Basteln, Malen, Spielen, Rätseln, Fantasieren …

Im Folgenden sind Aktionen vorgestellt, die sich nicht nur auf eine Pflanze beziehen und zur Einstimmung und Begleitung der Spurensuche nach den Frühlingsboten eingesetzt werden können – oder das ganze Frühlingsaufgebot zusammen auftreten lassen.

SEHEN

TAGEBUCH DER FRÜHLINGSBOTEN

Alter: ab 7 Jahren
Material: schönes Heft (Tagebuch)

Die Kinder legen ein Tagebuch an, wo und an welchem Tag sie welchen Frühlingsboten erstmals gesehen haben.
Sie schreiben und malen ihre Beobachtungen auf, kleben wichtige Fundstücke, gepresste Pflanzen, Fotos ... ein und gestalten so ihren eigenen Frühjahrskalender.
Vielleicht führen die Kinder ihr Tagebuch ja auf eigene Faust durchs Jahr weiter – oder überprüfen im nächsten Jahr, ob sich der Frühling mit seinen Boten auf gleiche Weise zeigt!

BASTELN

SCHIEBEBLUMEN

Schneeglöckchen, Krokus und Leberblümchen werden als Schiebeblumen gebastelt. Mit ihnen kann das das vorsichtige Herauskommen und manchmal auch Zurückziehen der Boten nachgespielt werden.

Alter: ab 5 Jahren
Material: Schaschlikspieße, bunte Kartons, schwarzer Filzstift, Schere, Klebstoff

- Die Blüte entsprechend ihrer Farbe doppelt aus Karton ausschneiden. (s. Abb.)
- Einen Schaschlikspieß dazwischenlegen und aufeinanderkleben.
- Das Gesicht und die Trennlinien (der einzelnen Blütenblätter) mit schwarzem Filzstift darauf malen.
- Den Boden (Grasbüschel, Erde ...) aus entsprechendem Karton zweifach ausschneiden (etwas unterschiedliche Hälften) und an den äußersten seitlichen Rändern und am untersten Rand zusammenkleben. (s. Abb.)
  Nur unten in der Mitte sollte eine kleine Stelle nicht beklebt werden, damit der Blumenspieß von oben durchgeschoben werden kann.
- Damit die Blüte beim Durchschieben nicht hängen bleibt, wird der obere Rand etwas nach außen gebogen.

Die Arbeitsweise gilt für
- Schneeglöckchen
  (weiße Blüte, grüner Grasbüschel)
- Krokus
  (gelbe Blüte, weiße Schneefläche)
- Leberblümchen
  (lila Blüte, brauner Blätterboden)

KUNST

MALEN MIT FRÜHLINGSBOTENFARBEN

Experimentieren die Kinder mit den natürlichen Farben der Blumen, so werden sie entdecken, dass sich die Farbenvielfalt auch auf Papier verewigen lässt – aber nicht immer!

Alter: ab 5 Jahren
Material: Frühlingsboten, Steine zum Zerreiben oder Mörser, Papier, Pinsel

Mit einigen Frühlingsboten lässt sich farbtechnisch experimentieren.
Zerrieben ergeben sich schöne Naturfarben, die sich auf Papier bringen lassen:

- Gelb vom Löwenzahn,
- Grün vom Scharbockskraut,
- Blau vom Veilchen und
- Brauntöne von verschiedenen Erden …

SPRACHSPIEL

SILBENTAUSCH

Alter: ab 6 Jahren

Es macht Spaß, mit Wörtern zu spielen. Oft kommen ganz lustige Fantasiewörter dabei heraus. Kinder vertauschen selbst die Silben der Frühlingsboten oder erraten folgende:
Gleeschnöckchen, Lärbauch, Blüsselschlume, Krungenlaut, Weigfurz …

RIECHEN

FRÜHLINGSDÜFTE RATEN

Alter: ab 5 Jahren
Material: alte Filmdosen, duftende Frühlingsboten

Alte, leere Filmdosen werden mit duftenden Frühlingsboten gefüllt. Bei manchen kommt der Duft erst durch Reiben zur Geltung. Die Filmdosen werden am Boden mit dem richtigen Pflanzennamen beschriftet.
Die Kinder dürfen ihre Nase (ohne zu schauen!) in die duftenden Döschen stecken und raten. Wonach duftet es?
Gelingt es ihnen, alle Düfte zu erkennen?

Verwendbare Frühlingsdüfte

Aromatische Düfte	Geißfuß, Taubnessel, Brennnessel, Holunder
Lauchdüfte	Bärlauch, Knoblauchrauke
Veilchenduft	Wohlriechendes Veilchen
Honigduft	Schneeglöckchen, Schlüsselblume
Bittermandelduft	Traubenkirsche
Pfefferduft	Haselwurz
Maiskölbchenduft	Vogelmiere
Zuckererbsenduft	Kletten-Labkraut
Harzduft	Pappelknospen

Basteln

UNTER DER PRESSE

Alter: ab 6 Jahren
Material: Frühlingsblumen, Blumenpresse oder Stapel Bücher und Löschblätter, Blanko-Karten oder -Briefpapier

Frühlingsblumen pflücken, sorgfältig zwischen Löschblätter legen und mit einem Stapel dicker Bücher beschweren (oder in eine Pflanzenpresse geben).
Die fertig gepressten Pflanzen (müssen ganz steif und trocken sein) können zum Verzieren von Oster- und Geburtstagsgrußkarten oder Briefpapier verwendet werden.

Variante

Auch ein Frühlingsblumenmemory kann damit gestaltet werden: jeweils zwei gleiche Pflanzenarten werden auf quadratische Kartonkärtchen gegeben und mit selbst klebender Klarsichtfolie überzogen.

Basteln – Spiel

FANTASIEBOTEN

Alter: ab 6 Jahren
Material: Tonpapier, Schere, Stifte

Aus dem Tonpapier schneiden die Kinder gleich große Karten und malen jeweils einen Frühlingsboten so groß wie möglich darauf.
Die fertigen Karten schneiden sie quer in zwei (oder drei) gleich große Teile.

Spielmöglichkeiten

- Die Karten mischen und die Pflanzenober- und -unterteile beliebig zusammensetzen. Die Kinder rätseln nach den Teilen der Pflanzen, aus denen diese Fantasiepflanzen zusammengesetzt sind und geben ihnen entsprechende Fantasienamen: z. B. ist das Oberteil von der Schlüsselblume, das Unterteil vom Schneeglöckchen, so wird daraus ein Schlüsselglöckchen.
- Die Karten mischen und so schnell wie möglich die Pflanzen richtig zusammensetzen ...
- Die Karten verdeckt auf den Tisch legen und ähnlich dem Memory-Spiel zwei Karten aufdecken. Wer zwei zusammengehörige Karten aufdeckt, darf sie behalten ...

Fantasiespiel – Kunst

FRÜHLINGS-RIESENMANDALA

Alter: ab 4 Jahren

Die Kinder legen ein großes Mandala aus Dingen, die sie im Frühling in der Natur finden. Das können Frühlingsboten, Steine, Moospolster, Knospen, Zweige oder auch Rindenstücke sein.

Basteln

BLUMENKINDER

Alter: ab 4 Jahren
Material: Passfoto, Chinapapier in verschiedenen Farben, Farbstifte, Schere, Klebstoff

Für das gewünschte Blumenkind Blütenblätter aus Chinapapier ausschneiden und um das Foto herum kleben. Stängel und Staubgefäße mit Farbstiften dazumalen.
Bei einer Gruppe von Kindern kann so eine ganze Frühlingswiese voller Veilchen-, Schlüsselblumen-, Leberblümchen- oder Gänseblümchenkinder entstehen.

Basteln

FRÜHLINGS-GUCKKASTEN

Alter: ab 5 Jahren
Material: Schuhschachtel, weißes, hellgrünes und hellblaues Seidenpapier, Steckschwamm, Fundstücke aus der Natur im Frühling, Klebstoff, Schere, selbst härtender Ton

In den Deckel der Schuhschachtel ein großes Fenster schneiden und mit weißem Seidenpapier bekleben.
Die Schuhschachtel mit hellgrünem Seidenpapier überkleben und an einer Schmalseite ein kleines Fenster ausschneiden.
In der Schachtel eine frühlingshafte Zwergenlandschaft einrichten:
Dazu eignen sich frische Moospölsterchen, Flechten, glitzernde Steine oder Kieselsteinchen für den Untergrund, die an diesen geklebt werden. Es kann auch aus hellblauem Seidenpapier ein Bächlein oder Teich dazwischen gelegt werden. Blühende Zweigstücke werden in Steckschwämmchen geschoben und bilden die Blütenbäume.
Zum Schluss werden kleine Zwerge aus Ton geformt, getrocknet, eventuell bemalt und in die Landschaft gesetzt.
Die Schachtel wird mit dem Deckel verschlossen. Die Landschaft wird nur aus einem ganz kleinen Blickwinkel durch das Fenster hindurch betrachtet. Sie wirkt dadurch viel geheimnisvoller und spannender!

Schmecken

LECKERE FRÜHLINGSBOTENMISCHUNG

Alter: ab 3 Jahren mit Hilfe eines Erwachsenen

BLÜTENBUTTERBROT

Das alles schmeckt (gut gewaschen) auf Butterbrot:

- Bärlauchblüten und -blätter,
- Gänseblümchenblüten,
- Veilchenblüten,
- Löwenzahnblütchen und -blätter,
- Schlüsselblumenblüten

FRÜHLINGSSALAT

Aus diesen Zutaten

- Blätter von Löwenzahn,
- Gänseblümchen,
- Scharbockskraut (nur vor der Blüte!),
- Schlüsselblume,
- Bärlauch

gemischt mit grünen Salatblättern oder speckigen Kartoffeln, Essig, Öl und Salz (nach Geschmack), wird ein farbenfroh gemischter leckerer Frühlingssalat!

ÜBERRASCHUNGS-EISWÜRFEL

In jedes Kästchen des Eiswürfelbehälters eine Frühlingsblüte (z. B. Gänseblümchen, Veilchen, Schlüsselblume) geben, Wasser nachgießen und die Würfel frieren.
So lässt sich der Frühling auch noch in den Sommer hinein konservieren.

ANHANG

Register

Verwendete und weiterführende Literatur

Wolfgang Adler/Karl Oswald/Raimund Fischer: Exkursionsflora von Österreich, Ulmer 1994

Marga Arndt: Die Natur erlebt und beobachtet mit Vorschulkindern, Luchterhand 1991.

Heide Bergmann/Ursel Bühring/Andrea Groß: „Kleine grüne Wunder. Mit Kindern die Natur entdecken." Verlag Herder, Freiburg im Breisgau 1996.

Andrea Frommherz/Edith Günter-Biedermann: Kinderwerkstatt Zauberkräuter, AT Verlag 1997.

Hansjörg Küster: „Wo der Pfeffer wächst" Ein Lexikon zur Kulturgeschichte der Gewürze, Verlag C.H. Beck 1987.

Antje Neumann/Burkhard Neumann: Waldfühlungen, Ökotopia Verlag 2000

Hans Jürgen Press: „ Der Natur auf der Spur", Ravensburger Buchverlag 1996.

Gisela Preuschoff: „Mit Kindern achtsam durch das Jahr". Verlag Herder, Freiburg im Breigau 1998.

Andrea Schwarz: „Ich mag Gänseblümchen. Unaufdringliche Gedanken." Verlag Herder, Freiburg im Breisgau 1985.

Susanne Stöcklin-Meier: „Naturspielzeug", Ravensburger Buchverlag 1997

Johannes Wessel/Harald Gesing: Spielend die Umwelt entdecken, Handbuch Umwelt-Bildung, Luchterhand 1995.

Reinhard Witt: Mit Kindern in der Natur, Herder 2003

Zur Autorin

Leonore Geißelbrecht-Taferner
Jahrgang 1967, aus Eferding in Oberösterreich, studierte in Wien Botanik und Orgel, promovierte 1994 zum Doktor der Naturwissenschaften. Sie veröffentlichte einige wissenschaftliche Publikationen, widmet sich aber seit einiger Zeit verstärkt dem Thema „Natur" auf dem Kinderbuchsektor. Ihre vorrangigen biologischen Interessensgebiete sind Unkräuter, Naturschutz, Garten und Umweltpädagogik.
Neben ihrer Tätigkeit als Büchereileiterin der Stadtbibliothek Eferding und Organistin beschäftigt sie sich (teilweise gemeinsam mit ihrem Mann) mit dem Schreiben bzw. Illustrieren von Büchern, vor allem Kinderbüchern. Sie ist Mutter dreier Töchter, von denen sie immer wieder Anregungen bekommt. Bei österreichischen Verlagen ist sie als Natur-Illustratorin für Koch- und Gartenbücher tätig.
Sie ist auch „Feld-, Wald- und Wiesenführerin" und tourt gemeinsam mit ihrem Mann durch Österreich, um lesend, musizierend und spielend ihre Kinderbücher vorzustellen.

Für die vielen Anregungen, Kritiken und Hilfen als „Compositeur + Vor-Lektor + EDV-Spezialist" bedanke ich mich bei meinem Mann, Jürgen Geißelbrecht.

Zur Illustratorin

Kasia Sander
geb. 1964 in Gdynia (Polen). Studium an der Kunstakademie in Danzig.
1986 Übersiedlung nach Recklinghausen, Studium und Diplom an der Fachhochschule für Design in Münster.
Seit dem Abschluss arbeitet sie als freie Illustratorin für Buchverlage und als Karikaturistin für die Recklinghauser Zeitung. Teilnahme an mehreren Einzel- und Gruppen-Ausstellungen.

Gipsy und Franz Baumann

Mit Mammut nach Neandertal

Kinder spielen Steinzeit

ISBN: 978-3-925169-81-6

Bernhard Schön

Wild und verwegen übers Meer

Kinder spielen Seeräuber und Piraten

ISBN (Buch): 978-3-931902-05-6
ISBN (CD): 978-3-931902-08-7

Hartmut E. Höfele und Susanne Steffe

Der wilde Wilde Westen

Kinder spielen Abenteurer und Pioniere

ISBN (Buch): 978-3-931902-35-3
ISBN (CD): 978-3-931902-36-0

Kinder spielen Geschichte

Im KIGA, Hort, Grundschule, Orientierungsstufe, offene Kindergruppen, bei Festen und Spielnachmittagen

Die erfolgreiche Reihe aus dem Ökotopia Verlag

Sybille Günther

Ritterburg & Königsschloss

Kinder spielen Ritter, Knappe, Burgfräulein, Prinz und Prinzessin

ISBN (Buch): 978-3-86702-046-6
ISBN (CD): 978-3-86702-047-3

K. Hoffmann - Pieper, H. J. Pieper, B. Schön

Das große Spectaculum

Kinder spielen Mittelalter

ISBN: 978-3-925169-78-6

I. R. Floerke u. B. Schön

Markt, Musik und Mummenschanz

Stadtleben im Mittelalter

Das Mitmach-Buch zum Tanzen, Singen, Spielen, Schmökern, Basteln & Kochen

ISBN (Buch): 978-3-931902-43-8
ISBN (CD): 978-3-931902-44-5

Kinder erforschen die Welt

Leonore Geißelbrecht-Taferner

Die Garten-Detektive

Mit vielfältigen Experimenten, Spielen, Bastelaktionen, Geschichten und Rezepten den blühenden Frühjahrsboten auf der Spur

ISBN: 978-3-936286-58-8

M. Kalff und B. Laux

Sonne, Mond und Sternenkinder

Mit der Mondmaus in Spielen, liedern und Geschichten die Phänomene des Himmels erforschen

ISBN (Buch): 978-3-931902-71-1
ISBN (CD): 978-3-931902-72-8

Antje und Burkhard Neumann

Waldfühlungen

Das ganze Jahr den Wald erleben – Naturführungen, Aktivitäten und Geschichtenfibel

ISBN: 978-3-931902-42-1

Kathrin Sandhoff und Birgitta Stumpf

Mit Kindern in den Wald

Wald-Erlebnis-Handbuch
Planung, Organisation und Gestaltung

ISBN: 978-3-931902-25-4

Antje und Burkhard Neumann

Wiesenfühlungen

Das ganze Jahr die Wiese erleben

Naturführungen, Wahrnehmungsspiele und Geschichtenbuch

ISBN: 978-3-931902-89-6

Antje und Burkhard Neumann

Wasserfühlungen

Das ganze Jahr Naturerlebnisse an Bach und Tümpel

Naturführungen, Aktivitäten und Geschichtenbuch

ISBN: 978-3-936286-13-7